Klaus Schuster

11 Managementsünden, die Sie vermeiden sollten

Klaus Schuster

11 Managementsünden, die Sie vermeiden sollten

Wie Führungskräfte sich um Karriere, Verstand, Ehepartner und Spaß bringen

REDLINE | VERLAG

Bibliografische Information der Deutschen Nationalbibliothek

Die Deutsche Nationalbibliothek verzeichnet diese Publikation in der Deutschen National-
bibliografie.
Detaillierte bibliografische Daten sind im Internet über http://dnb.d-nb.de abrufbar.

ISBN 978-3-86881-038-7

Unsere Web-Adresse:
www.redline-verlag.de

4. Auflage 2012
© 2009 by Redline Verlag, ein Imprint der Münchner Verlagsgruppe GmbH

Redaktion: Pia Gelpke, wortvollendet, Wiesbaden
Umschlaggestaltung: Jarzina Kommunikations-Design
Satz: Jürgen Echter, Landsberg am Lech
Druck: CPI – Ebner & Spiegel, Ulm
Printed in Germany

Inhaltsverzeichnis

Vorwort – Der Sündenfall

> *»Am schlimmsten sind die Fallen,*
> *die man sich selber stellt.«*

Raymond Chandler

Warum sind manche Manager so gut? Worauf tippen Sie? Auf besondere Talente und Fähigkeiten? Auf den sprichwörtlich »richtigen Riecher«, geheime Erfolgsrezepte, ein untrügliches Bauchgefühl, das glückliche Händchen oder die guten Connections?

Wie viele andere auch dachte ich zu Beginn meiner Führungslaufbahn (gar nicht uneitel), Spitzenmanager seien etwas Besonderes und müssten deshalb auch etwas Besonderes können. Seit damals hatte ich allerdings mehr als genug Gelegenheiten, Topmanager aus der Nähe zu beobachten. Als Vorstand internationaler Banken, beim Aufbau eines Finanzinstituts in Osteuropa und heute in meinem eigenen Unternehmen, das Manager aller Branchen und Hierarchieebenen berät, coacht und trainiert, kam und komme ich mit vielen von ihnen in Kontakt. Nach all den Jahren im und mit dem Topmanagement frage ich mich nun, wie ich mich bloß so grundlegend täuschen konnte. Denn heute weiß ich: Was Spitzenmanager so herausragend macht, sind nicht ihre Spitzenfähigkeiten.

Auch weniger erfolgreiche Kollegen und Kolleginnen verfügen in aller Regel über mindestens ein bemerkenswertes Talent, sonst könnten sie sich nicht lange auf ihrer Position halten. Auch Durchschnittsmanager haben Spitzentalente. Und doch nützen ihnen diese offensichtlich nicht viel. Warum? Die beste Antwort lieferte jüngst die Börse: Viele Trader machten jahrelang erfolgreich Millionengeschäfte – und dann brach eines schönen Herbsttags die Hypothekenkrise aus und die weniger cleveren Händler fuhren einen Verlust nach dem anderen ein, verloren ihren Job, rissen ihre Chefs mit und ruinierten teilweise ihre Unternehmen. Woran wir messerscharf erkennen können:

> Das Geheimnis der Spitzenmanager: Sie begehen viel weniger und weniger gravierende Fehler.

Mir fällt zum Beispiel ein Vorstand ein, der ein patenter Manager mit nachweisbaren Erfolgen war – aber eben unter seinesgleichen nicht als Spitzenmanager galt. Denn er beging einen fatalen Fehler: Er tat zu wenig, um das Geschäft anzukurbeln. Er wartete jeden Tag geduldig darauf, dass der überragende, bahnbrechende Erfolg auch an seine Tür klopfen und ihm somit einen Platz in den Annalen des Unternehmens sichern würde. Deshalb nannten ihn die anderen Vorstände hinter seinem Rücken »Knock-Knock-Manager«. Wohlgemerkt:

> Fehler machen wir alle hin und wieder – Schwamm drüber. Doch schwache Manager begehen nicht nur gelegentlich Fehler, sondern richtiggehende Managementsünden: systematisch, chronisch, nachhaltig.

Das ist der Grund, weshalb sie den überragenden Erfolg, den lang ersehnten Durchbruch, den entscheidenden Karriereschritt, die volle Anerkennung der Vorgesetzten und den uneingeschränkten Respekt der Kollegen, die ungetrübte Achtung ihrer Kunden, ein unerschütterliches Selbstvertrauen und die Bewunderung ihrer Beziehungspartner sowie Kinder nicht erringen können. Sie scheitern, weil sie entscheidende Managementsünden begehen. Rückblickend betrachtet bin ich mir fast sicher, dass der besagte Vorstand wusste oder zumindest ahnte, welchen fatalen Fehler er beging, wie sauer die Kollegen und Kolleginnen auf ihn waren und dass er damit täglich selbst an seinem Führungssessel sägte.

Doch was sollte er tun? Oft schaffen sogar General Management Trainings keine Abhilfe, denn auf den Seminarplänen stehen zwar renommierte Trainer wie Drucker, Hamel, Kotler oder Kotter, aber gegen ein solches Knock-Knock-Management oder andere Führungssünden haben auch sie keine schnell wirksame Therapie anzubieten. Das wird sich auch in absehbarer Zukunft nicht ändern. Die meisten Qualifizierungsmaßnahmen für Manager helfen leider überhaupt nicht weiter. Sie gehen vielmehr von idealen Führungstugenden aus, die bedauerlicherweise nichts mit dem realen Leben zu tun haben und Manager nicht dazu befähigen, im Führungsalltag eine reine Weste zu behalten.

Lange Zeit grübelte ich über die tieferen Gründe für diesen ausgeprägten Hang zur Selbstdemontage nach. Dann erinnerte ich mich an meine gut zwanzigjährige Erfahrung in Führungsjobs und auf Vorstandsetagen, an meine eigenen Jugend-, Kardinal- und Todsünden, und mir wurde klar: Wenn General Management Trainer, Vorgesetzte, Führungsgurus, Wirtschaftsredakteure und Coachs den Führungskräften seit Jahrzehnten predigen, wie sie es »richtig« machen sollen, und es daraufhin selbst nicht richtig machen, dann möglicherweise nicht trotz, sondern wegen dieser positivistischen Didaktik. Für Manager sind solche gut gemeinten Ratschläge tendenziell zu schulmeisterlich, zu naiv, zu brav – sie liegen unterhalb ihrer Reizschwelle.

Seien wir ehrlich: Wir alle haben Drucker, Hamel und Handy gelesen oder im General Management Training von ihnen gehört. Wir alle haben Bücher durchgearbeitet mit hoffnungslos hoffnungsvollen Titeln wie *In sieben Schritten zum Erfolg*. Und wir alle haben bereits beim Lesen bemerkt: Das isses nicht. Denn wer garantiert mir, dass mein Tag nach sieben Schritten tatsächlich schon zu Ende ist? Solche euphorischen Ratgeber haben auch mich nicht davon abgehalten, noch auf der Vorstandsetage die dollsten Führungssünden zu begehen – und die Manager, die ich seit Jahren berate und coache, haben sie auch nicht tugendhafter gemacht. In dem Moment, in dem mir diese Erkenntnis wie Schuppen von den Augen fiel, drehte ich den Spieß um.

Fortan erzählte ich Managern ganz genau und mit dem nötigen Schuss Ironie, wie sie es nicht machen sollten. Ich berichtete – natürlich anonymisiert! – ausführlich von Managerkollegen, die mit ihren Sünden fürchterlich auf die Nase gefallen waren. Und, oh wundersame Konsequenz: Es wirkte! Gewiss könnte man kritisieren, ich hätte mit meiner Sündenfallkampagne vor allem Schadenfreude ausgelöst. Dem würde ich entgegnen: Wer sich freut, lernt offensichtlich besser. Außerdem sagt schon der Volksmund: Aus Fehlern wird man klug. Und am klügsten wird man(ager) offensichtlich aus den Fehlern anderer Manager.

In Beratungsgesprächen höre ich seither förmlich den Groschen fallen. International boten mir Fachzeitschriften prompt an, meine Texte zu veröffentlichen, und ich erfreue mich reger Beliebtheit bei Managern – zumindest bei jenen, die regelmäßig meine Kolumnen lesen oder die mich zu sich einladen. Für die anderen ist dieses Buch.

Ich bin mir sicher, dass Sie als Manager oder Managerin einiges draufhaben, absolut fachkompetent sind, es bereits zu etwas gebracht haben (sonst wären Sie jetzt kaum dort, wo Sie sind) und dass Sie selbst hin und wieder denken: »Mensch, warum ist mir das denn jetzt schon wieder passiert?« Wir merken selbst oft schmerzhaft, wenn wir eine dieser kleinen Führungssünden begangen haben. Wir erkennen, wie schädlich sie für Erfolg, Anerkennung, Karriere, Selbstzufriedenheit und auch für unser privates Beziehungsglück sind.

Diese in Summe gar nicht so kleinen Sünden sind aber absolut vermeidbar. Wie, das erfahren Sie auf den nächsten Seiten.

Arbeiten Sie sich zu Tode!

>*»Alles Große in unserer Welt geschieht nur,*
>*weil jemand mehr tut, als er muss.«*
>
>Hermann Gmeiner, Gründer der SOS-Kinderdörfer

Jeder (gute) Manager arbeitet zu viel

Wenn es eine Sünde ist, zu viel zu arbeiten, begehen wir sie alle. Aber ist es überhaupt eine? »Ich habe das Gefühl, dass ich vierundzwanzig Stunden am Tag, sieben Tage die Woche arbeiten müsste, um mein Pensum zu schaffen«, hat mir bislang noch jede (gute) Führungskraft irgendwann gebeichtet. Na und? Schließlich ist es unser Job, (zu) viel zu arbeiten. Dafür werden wir bezahlt. Warum sollte das schlecht sein?

> Es ist keine Sünde, viel zu arbeiten – wenn es die »richtige« Arbeit ist.

Lassen Sie mich mit schlechtem Beispiel vorangehen und von meinem Sündenfall erzählen. Als ich zum Bereichsleiter des Unternehmens, in dem ich damals arbeitete, befördert wurde, war ich begeistert. Geradezu euphorisch. Bis in die Haarspitzen motiviert. In meiner Antrittsrede vor meinen neuen Mitarbeitern und Mitarbeiterinnen sagte ich, was wohl jeder Leader an diesem Punkt sagen würde: »Meine Tür ist immer für Sie offen!«

Die ersten Wochen in meiner neuen Position waren angefüllt mit harter Arbeit, doch ich hielt mein Versprechen. Wann immer jemand um ein Meeting bat, boxte ich Zeit frei. Innerhalb kürzester Zeit platzte mein Terminkalender aus allen Nähten. Außerdem spielte ich den Sorgenonkel für jede bedrängte Seele, die sich mit leidendem Blick in mein Büro schob. Sie können sich vorstellen, wie ich mich nach wenigen Wochen fühlte und wann ich meine »eigentliche« Arbeit machte. Nämlich nach Feierabend ... natürlich dem Feierabend der anderen. Sie kennen sicher den blöden Managerwitz: »Der Manager steht abends vor seiner Haustür, seine kleine Tochter macht ihm auf und sagt: ›Nein danke, wir brauchen keine Versicherung und Zeitungen haben wir auch schon alle abonniert.‹« Ich kann Ihnen versichern, dass ich in jener Zeit solche Witze nicht besonders amüsant fand. Denn ich war der, der abends vor der Tür stand. Doch ich hatte Glück. Ich hatte mein ganz persönliches »Erweckungserlebnis«.

Machen Sie die Arbeit Ihrer Mitarbeiter?

Eines späten Nachmittags stand ich sinnend am Fenster meines Büros. Ich grübelte angestrengt über ein Problem nach, das mir einige meiner engsten Mitarbeiter eine halbe Stunde zuvor gemeldet hatten. Ruhelos nachdenkend starrte ich aus dem Fenster, ohne die Welt da draußen richtig wahrzunehmen. Ich sah das Gewusel der Menschen unten auf der Straße und dachte mir nichts dabei – bis mich der Blitz der Erkenntnis traf.

Zwischen all den Menschen sah ich ganz deutlich auch meine Mitarbeiter und Mitarbeiterinnen, die in Scharen aus unserem Gebäude strömten. Sie gingen fröhlich lachend und scherzend in den Feierabend, während ich hier oben Probleme wälzte, die sie mir kurz vor Feierabend aufgebrummt hatten. Wohlgemerkt: ihre Probleme.

> Die Schüler haben frei und der Lehrer sitzt nach?

Macht der Vorgesetzte also tagsüber die Arbeit seiner Mitarbeiter, während er nachts seine eigene erledigt? Eine weitere wichtige Frage drängte sich mir auf: Wenn ich die Arbeit meiner Mitarbeiter mache, was machen sie dann in dieser Zeit? Offensichtlich punkt 17 Uhr Feierabend. Ich war sprachlos.

> Es ist eine Todsünde, wenn Sie zu viel arbeiten, weil Sie die Arbeit anderer erledigen!

Am schlimmsten traf mich die persönliche Enttäuschung. Bis dato hatte ich gedacht, wir seien ein Team. Jetzt konnte ich förmlich die Stimmen meiner Mitarbeiter hören: »Wir müssen noch das und das erledigen!« »Keine Lust. Delegier das an den Boss. Der wird's schon richten!«

Ich war richtiggehend froh, dass bereits Feierabend und keiner mehr im Gebäude unterwegs war, der ein unverdientes Opfer meines plötzlich entbrannten Zorns hätte werden können. Ich hatte wirklich gute Lust, einigen meiner lieben Mitarbeiter (von wegen Mit-Arbeiter!) ganz entschieden die Meinung zu pauken. Am nächsten Morgen hatte ich mich aber wieder so weit beruhigt, dass ich über mein Führungsverhalten nachdenken konnte.

Mein Sündenkatalog

Mit jeder Minute, in der ich darüber nachdachte, wurde mir klarer, dass der Vorfall vom Vorabend kein einmaliger Fehler gewesen war, sondern eine fast schon gewohnheitsmäßige Sünde. Als ich auflistete, was ich den ganzen Tag über erledige, wurde mir Wesentliches bewusst. Bei welchen Aspekten würden Sie Ihre Häkchen machen?

➤ Ich löse etliche Probleme, um die sich eigentlich meine Mitarbeiter kümmern sollten.

➤ Ich kontrolliere Dinge, die sie selbst überprüfen könnten beziehungsweise müssten.

➤ Ich gehe noch einmal durch, was andere bereits kontrolliert haben.

➤ Ich organisiere Prozesse, die meine Mitarbeiter planen müssten.

➤ Ich kümmere mich um persönliche Angelegenheiten meiner Mitarbeiter, die nicht wirklich meine Angelegenheiten sind.

➤ Ich beschäftige mich mit Aufgaben, die gut und gerne andere erledigen könnten – manchmal sogar besser!

Mit Grauen stellte ich mir die Reaktion meines eigenen Vorgesetzten vor, wenn dieser erfahren sollte (und so etwas erfuhr der Alte immer), was ich den ganzen Tag trieb: »Was macht der? Dafür bezahle ich ihn nicht! Das ist Aufgabe seiner Mitarbeiter!« Ich begann, mir große Vorwürfe zu machen, bis ich stutzig wurde: Hatte ich am Vorabend etwa freiwillig Überstunden geschoben? In mir wuchs die Erkenntnis:

> Manager sündigen nicht (nur). Sie werden zur Sünde verleitet.

Ich hatte am Vorabend nicht aus eigenen Stücken Überstunden gemacht, sondern meine Mitarbeiter hatten mich nach allen Regeln der Kunst dazu »verführt«. Wie hatten sie das geschafft?

Lassen Sie sich nicht von Ihren Mitarbeitern verführen!

Jeder hat oder kennt (mindestens) einen Mitarbeiter, der sich bei bestimmten Aufgaben erst einmal hilflos gibt. Dann erklärt man es ihm (zehn Minuten geopfert) und macht die Aufgabe teilweise selbst (eine Stunde futsch). Hinterher entdeckt man: Der Mitarbeiter ist gar nicht so hilflos. Der tut nur so! Er hätte die Arbeit sehr wohl auch allein erledigen können.

Meine Mitarbeiter hatten mir am Vortag nicht ganz ohne Hintergedanken ein Problem aufgebrummt: Es war eben kurz vor Feierabend. Das Problem musste gelöst werden, aber sie hatten Wichtigeres zu tun. Nämlich nach Hause zu gehen. Also führten sie mich in Versuchung – und zwar auf eine Art und Weise, die noch nicht einmal besonders clever war.

Ich hatte einmal einen IT-Leiter, der in dieser Hinsicht viel gerissener war. Wenn ich ihm einen Auftrag gab, dann kam dieser nicht nur wie ein Bumerang zu mir zurück, nein, er verlangte nun auch den dreifachen Aufwand. Ich bewundere ihn noch heute für sein Talent, mich derart an der Nase herumzuführen und mir die ganze Arbeit aufzubrummen. Haben Sie auch einen oder mehrere dieser Pappenheimer in Ihren Reihen? Dann sollten Sie sich folgendes Problem verdeutlichen:

> Je häufiger Sie der angeblichen Hilflosigkeit Ihrer Mitarbeiter nachgeben, desto ineffizienter werden diese in Zukunft arbeiten (weil sie es regelrecht verlernen) und desto überarbeiteter werden Sie sein!

Es ist fast so, wie Großvater sagte: »Wer einmal auf die schiefe Bahn kommt, der gerät immer tiefer in den Sündenpfuhl.« Besonders erschreckend daran ist:

> Die Fähigkeit der Mitarbeiter, ihren Chef zu verführen, ist meist viel ausgeprägter als die Fähigkeit der Vorgesetzten, dieser Verlockung zu widerstehen.

Das haben Sie auch schon bemerkt? Sie fallen dennoch immer wieder darauf herein? Genau davor möchte ich Sie schützen. Machen wir Sie immun gegen die Versuchungen und Verlockungen manipulierender Mitarbeiter.

Die Häh?-Frage

Bei der Reorganisation eines mittelgroßen Unternehmens fiel mir auf, dass die dazu notwendigen Aufgaben in einer bestimmten Abteilung immer sehr viel langsamer und halbherziger umgesetzt wurden als in den Schwesterabteilungen. Ich nahm mir den Abteilungsleiter zur Brust, der sich binnen Sekunden als großer Sünder entpuppte. Er klagte: »Ich kann anweisen, was ich will – jedes Mal schütten mich meine Leute mit Rückfragen zu: ›Wie ist das gemeint?‹ Oder: ›Was verstehen Sie darunter?‹ Sie denken einfach nicht selbstständig nach.«
»Nein«, entgegnete ich, »Ihre Mitarbeiter stellen sich dumm und rühren in der Zeit, die Sie benötigen, um ihre Fragen zu beantworten, natürlich keinen Finger. Sie haben erkannt, dass sie so Zeit gewinnen.«
»Woher wissen Sie das?«, erkundigte sich der Abteilungsleiter. »Weil das ein uraltes Spiel ist. Ich nenne es das Häh?-Spiel. Solange sich Ihre Mitarbeiter doof stellen und ›Häh?‹ fragen, müssen sie nichts tun. Sogar noch besser: Während sie sich ausruhen können, muss ihr Chef etwas tun!«

Es gibt Führungskräfte, die sich seit Jahrzehnten auf diese Weise vorführen lassen – und nicht nur von den eigenen Mitarbeitern. Viele machen sich auch zum willfährigen Idioten der grassierenden Bürokratie. Da machen Sie nicht mehr mit? Ich gratuliere zu Ihrem Entschluss. Wie Sie bessere Rahmenbedingungen schaffen? Indem Sie …

1.   … die Organisationsstrukturen optimieren,

2.   … die richtigen Strategien verfolgen und

3.   … sich nicht für alles zuständig erklären.

Optimieren Sie die Organisationsstrukturen!

Es sind nicht nur Ihre Mitarbeiter, die Sie verführen, abends länger im Büro zu bleiben. Oft liegt es auch an einer schlechten Organisation, wenn Sie sich überarbeiten.

Ein gutes Beispiel liefert der Vertriebsbereich, den ich vor einiger Zeit optimieren sollte. Die Abteilung akquirierte schlicht zu wenig Umsatz, obwohl sich fast alle Führungskräfte halb zu Tode schufteten! Für den Vorstand sah das nach Unfähigkeit aus, ich hingegen vermutete die Schwachstelle in der Organisation und so fragte ich die leitenden Angestellten, was sie denn den ganzen Tag trieben. Die einen sagten: »Berichte schreiben! Ich komme zu nichts anderem mehr! Geschweige denn dazu, zu akquirieren.« Die anderen antworteten: »Berichte lesen! Ich komme zu nichts anderem mehr! Geschweige denn dazu, zu akquirieren!«

Als der Vorstand davon erfuhr, machte er kurzen Prozess: Er schaffte drei Viertel der Berichte einfach ab. Als nach weiteren sechs Monaten die Verkaufszahlen immer noch im Keller waren, befragte ich die Vertriebler erneut, obwohl ich mir die Antworten bereits ausmalen konnte. Diesmal antworteten alle: »Wie sollen wir denn besser verkaufen? Wir haben ja keine Informationen mehr!«

Nicht *Sie* sollten für die Organisation arbeiten – die Organisation sollte für *Sie* arbeiten!

Wenn Sie zu viele Berichte lesen beziehungsweise schreiben müssen, um anständig arbeiten zu können, dann sollten Sie Ihr Berichtswesen reorganisieren. Wenn Sie zu wenige (gute) Berichte haben, um Ihre Leistungsziele zu erreichen, dann sollten Sie ebenfalls über eine Reorganisation nachdenken.

> Lassen Sie sich nicht zum Sklaven von Bürokratie und Organisation machen!

Manche Organisationsstrukturen sind wie Unkraut: Kehrt man ihnen den Rücken zu, überwuchern sie einen und stehlen unendlich viel Zeit. Greifen Sie deshalb zu Heckenschere und Unkrautvernichtungsmittel. Jeden Tag.

Kontrollieren Sie sich nicht zu Tode!

Manchmal mache ich mir den Spaß, bei meinen Besuchen Führungskräfte kurz nach der Begrüßung zu fragen: »Was haben Sie denn eben gemacht, bevor ich reinkam?« Mittlerweile kenne ich die Antwort, die meisten haben zuvor irgendeinen Bericht oder eine Controllingliste gelesen, wie zum Beispiel der Vorstand eines Finanzdienstleisters:

Dieser hatte doch tatsächlich noch Minuten vor unserem Termin eine Liste seiner säumigen Kunden studiert – sämtlicher säumiger Kunden. Es müssen Hunderte gewesen sein, darunter auch jene Kunden, die nur einen einzigen Tag und mit einer Kreditrate im Rückstand waren. Warum hatte er nicht längst zu einem Assistenten gesagt: »Gehen Sie mir mit dem Kleinkram weg. Mich interessieren nur Verzüge ab dreißig Tagen – also sortieren Sie die Liste gefälligst dementsprechend vor!«? Warum hatte er das noch nie angeordnet? Weil er noch nie darüber nachgedacht hatte.

> Kontrollieren Sie das und *nur* das, was der Kontrolle durch eine Führungskraft auch tatsächlich bedarf!

Sind Sie Buchhalter oder Manager? Die Zeit, in der Sie Pipifax kontrollieren, steht Ihnen nicht mehr für wirklich wichtige Aufgaben zur Verfügung. Das ist schade. Wünschen Sie sich nicht manchmal auch, sich stärker um die Dinge kümmern zu können, auf die es ankommt? Gratulation, dieser Wunsch ist der erste Schritt weg von der Kontrollitis, mit der Sie kostbare Zeit vertun. Meiner Erfahrung nach dauert es einige Wochen, bis man sich seine Kontrollwut abgewöhnt hat. Doch das wird Ihnen immer leichter fallen, wenn Sie merken, dass Sie sich in der eingesparten Zeit intensiver um die wesentlichen Dinge kümmern können.

Meeting-Tourismus

Ich kenne Manager, die veranstalten wegen jeder Anfrage ein Meeting, anstatt jene Fragen und Probleme mit einem Anruf oder einer E-Mail zu beantworten, die sich auf diese Weise regeln lassen – und dann wundern sie sich, warum sie abends nicht vor acht nach Hause kommen. Andere Manager setzen sich in jedes verdammte Meeting. Kennen Sie dieses Verhalten auch von sich selbst? Warum machen Sie das, wenn Sie doch angeblich so wenig Zeit haben und so überarbeitet sind? Natürlich, weil Sie nichts verpassen wollen! Es könnte Ihnen ja etwas entgehen. Haben Sie noch nie etwas von Sitzungsprotokollen gehört? Die taugen in Ihrem Unternehmen nichts? Warum reformieren Sie sie dann nicht, stellen auf Ergebnisprotokoll um und schulen die Protokollführer entsprechend? Sie haben Angst, dass im Meeting etwas Falsches beschlossen werden könnte, wenn Sie nicht die Zügel in die Hand nehmen? Wer hindert Sie daran, den gefassten Beschluss hinterher umzuwerfen? Immerhin sind Sie die Führungskraft!

> Machen Sie sich bewusst: Welche Meetings der letzten oder der kommenden Woche sind überflüssig? Welche brauchen Sie nur kurz zu besuchen? Welche können Sie »schwänzen«? Ganz konkret: Welche werden Sie ab nächster Woche aus Ihrem Kalender streichen?

Ein Vorstand organisierte sich zum Beispiel so: »Ich gehe nur noch auf Sitzungen mit strategischem Hintergrund. Oder wenn es um Investitionssummen über 100.000 Euro geht.« Seither hat er jeden

Tag eine Stunde mehr Zeit – für das wirklich Wichtige. Wäre das nicht auch etwas für Sie?

Verfolgen Sie die richtigen Strategien!

Manager in kleinen und mittleren Unternehmen arbeiten oft besonders viel und lange. Weil sie so ehrgeizig sind? Weil sie sich gegen die Großen wehren müssen? Auch. Vor allem aber, weil sie auf eine falsche Strategie setzen.

Um gegen die Großen anstinken zu können, folgen sie dem Leitsatz: Small ist beautiful! Damit meinen sie: Wir sind klein und daher flexibel – das heißt ultimativ kundenorientiert! Ist das nicht gut? Nicht unbedingt, denn wer jede Kundenanfrage zusagt, übernimmt sich. Er überfordert damit seine Organisation, weil er auch Aufträge annimmt, die er nicht oder nur mit unrentablem hohem Aufwand erledigen kann – etwa weil das Unternehmen nicht dafür ausgelegt ist, weil die Prozesse dafür nicht vorgesehen sind, weil den Mitarbeitern die nötige Kompetenz dafür fehlt und so weiter. Oft genug müssen dann die Führungskräfte diese Mängel ausgleichen und viele, viele Überstunden leisten. Das Ergebnis sind Manager, die wie verrückt arbeiten, nicht vor zehn nach Hause kommen, sich von ihren Kindern entfremden und denen die Frau irgendwann die Scheidungspapiere ins Büro schickt.

> Wenn Ihre (implizite) Strategie Sie dazu verleitet, sich zu Tode zu arbeiten, warum ändern Sie sie dann nicht?

Derartige Strategien lassen sich mit wenig Aufwand und auf unbürokratischem Weg ändern. Der Geschäftsführer eines süddeutschen mittelständischen Unternehmens sagte beispielsweise zu seinem Verkaufsleiter: »Bestellungen, bei denen ich abends um zehn noch die Mängel unserer Sachbearbeiter ausbügeln muss, nehmen wir künftig nicht mehr an. Wir müssen mit Aufträgen, welche die Leute auch ohne meine Hilfe ausführen können, unser Umsatzziel erreichen.« Der Verkaufsleiter verstand genau, welche Kundenanfragen sein Chef damit meinte.

Erklären Sie sich nicht für alles zuständig!

Haben Sie schon jemals einen Manager sagen hören:

> »Das interessiert mich nicht!«

Dann haben Sie einen Manager gehört, der Zeit für das Wesentliche hat. Ich kenne viele, die auch noch die dritte Stelle hinterm Komma nachrechnen, jeden Cent einzeln anschauen, sich aber darüber beklagen, dass sie abends nicht nach Hause kommen und die »eigentliche« Arbeit ständig liegen bleibt!

> Kümmern Sie sich um Cent-Beträge? Oder um Millionen?

Sagen Sie deshalb viel öfter: »Das interessiert mich nicht!«, wenn man Ihnen mit Belanglosigkeiten die Zeit rauben will. Sie glauben, die Leute werden verstört zurückschrecken? Sie für einen schwachen Manager halten? Großer Irrtum!

> Ein Manager, der klipp und klar sagt, was ihn interessiert und was nicht, genießt nicht weniger, sondern mehr Anerkennung und Respekt.

Umgekehrt: Ein Vorgesetzter, an »den man jeden Sch ...« (Originalton Facharbeiter) delegieren kann, wird von seinen Mitarbeitern ganz sicher nicht respektiert. Erliegen Sie nicht der Versuchung, sich um alles kümmern zu müssen. Zum Beispiel indem Sie sich immer wieder sagen:

> Ich mache keine Arbeit, die auch ein Mitarbeiter tun könnte.

> Bevor ich sein Problem löse, frage ich den Mitarbeiter: »Wie würden Sie das lösen?« Er oder sie soll selbst nachdenken, nicht ich!

> Ab sofort erkenne ich, wenn jemand eine Aufgabe an mich zurückdelegieren möchte. Diesen Versuch schmettere ich ab!

> Ich gewöhne mir Detailverliebtheit und Perfektionismus ab. Perfectionism doesn't pay! Es kostet zu viel Zeit, jedes Komma nachzurechnen, und bringt im Endeffekt nichts (jedenfalls nicht dem Manager, allenfalls dem Sachbearbeiter).

> Ich verabschiede mich von einer Kultur des Misstrauens. Die Kontrollitis kostet zu viel Zeit.

Gewöhnen Sie Ihren Mitarbeitern vor allem ab, Sie wegen jedem noch so trivialen Problem zu belästigen und zu fragen: »Papa, wie geht das?« Stellen Sie stattdessen klar: »Ich stelle hier die Fragen!« Und fragen Sie Ihre Mitarbeiter: »Wie würden Sie das lösen?« Wenn die jahrelang entmündigten und in die erlernte Hilflosigkeit getriebenen Mitarbeiter Sie daraufhin entgeistert anschauen, erklären Sie:

> »Ab sofort gilt eine neue Rollenverteilung: Ich stelle die Fragen, Sie machen die Vorschläge, ich treffe die Entscheidungen!«

Sie sind nicht der Ausputzer Ihrer Mannschaft. Sie sind derjenige, der die Entscheidungen trifft. Wenn Sie sich wie ein Sachbearbeiter verhalten und Ihren Mitarbeiter zuarbeiten, dann genießen Sie bei denen bald auch den Ruf eines solchen.

Sündigen Sie sinnvoll!

Nein, ich will Ihnen nicht abgewöhnen, bis nachts um zehn Uhr zu arbeiten. Unter Managern gilt immer noch: Wer länger arbeitet, ist wichtiger!

> Arbeiten Sie, solange Sie wollen. Aber kümmern Sie sich um die richtigen und wichtigen Dinge!

Das heißt: Verwenden Sie Ihre Zeit darauf, die richtigen Strategien zu entwickeln und hochfliegende Projekte anzustoßen, um Ihren Führungsbereich und Ihre Karriere entscheidend voranzubringen – aber nicht für sinnlose Meetings, nutzlose Berichte oder um Arbeit zu erledigen, für die eigentlich Ihre Mitarbeiter bezahlt werden! Das ist die eigentliche Sünde – gegen Ihren eigenen guten Ruf, gegen Ihre Karriere und Ihren Erfolg, gegen Gesundheit und Familie.

Karōshi ist hausgemacht

In meiner aktiven Zeit als Manager fragte ein Kollege mich:

> »Prüfst du eigentlich jeden Zahlungsausgang nach?«

> »Bist du verrückt? Das sind wöchentlich Hunderte! Dafür habe ich meine Systeme!«

> »Aber die muss doch auch jemand kontrollieren!«

> »Glaubst du wirklich, dass ich mein Gehalt für Buchhalterdienste bekomme?«

Das dachte der Kollege wirklich. Er wurde zwar wie eine Führungskraft bezahlt, doch in seinem Herzen war er Buchhalter:

»Aber dann können die Mitarbeiter in der Zahlstelle dich doch nach Strich und Faden behumpsen!«

»Wenn das so wäre, hätte ich die Falschen eingestellt! Dafür sind Einstellungsinterviews und Beurteilungen da – um die Spreu vom Weizen zu trennen. Wenn ich die falschen Leute beschäftige, kann ich das nicht wieder wettmachen, indem ich alles und alle kontrolliere!«

Warum verschwendete der Kollege auch weiterhin viel Zeit? Weil er seine Kontrollitis nicht überwinden konnte. Für die Mitarbeiter hingegen ist es einfach, einen Kontrolleti-Chef zu verführen: Man muss ihm bloß zwanzigseitige Controllinglisten vorlegen und schon hechelt er mit heraushängender Zunge etwaigen Kommafehlern hinterher. Die Mitarbeiter kennen die Schwächen ihrer Vorgesetzten und sie nutzen diese (bewusst oder unbewusst) gehörig aus! Wollen Sie sich derart austricksen lassen? Von den eigenen Mitarbeitern? Spielen Sie nicht länger mit! Halten Sie die Augen offen und lassen Sie sich nicht verführen.

> Nur wer die Versuchung kennt, kann ihr widerstehen.

Best Practice

Manche Manager sind zwar sehr konsequent und lassen sich nicht von ihren Mitarbeitern einspannen, aber sie finden nicht die richtigen Worte, um klarzustellen, worauf es ihnen ankommt: »Stehlen Sie mir nicht meine Zeit! Kümmern Sie sich gefälligst selbst um Ihr Problem!« Das ist zwar gut gemeint, doch durch eine solche Zurechtweisung wird das Kind mit dem Bade ausgeschüttet und der Mitarbeiter vollkommen demotiviert.

Best-Practice-Manager machen das so: »Tolles Problem, das Sie mir da schildern. Sagen Sie, wie würden Sie das anpacken? Ja? Super. Was ist mit … ? Nicht? Haben Sie sonst noch eine Idee? Gut, dann machen

Sie das jetzt genau so!« Das macht der Mitarbeiter dann auch – und zwar hoch motiviert und ohne dem Vorgesetzten die Zeit zu stehlen.

Ich kenne einen Vorstand, der morgens erst um zehn zur Arbeit kam und um zwei Uhr schon wieder ging. Jahrelang. Warum motzte keiner? Weil er jeden Monat Großkunden an Land zog, die das Bestehen des Unternehmens für Jahre sicherten. Wozu hätte er also bis abends um acht Uhr Spesenabrechnungen kontrollieren sollen? Das hätte sein Unternehmen nicht vorangebracht. Dafür hatte er seine administrativen Mitarbeiter.

> Wer sich auf das Wesentliche konzentriert, bringt sein Unternehmen voran – und seine Karriere.

Glauben Sie mir: Ein Vorstand, der Spesenabrechnungen über 17,30 Euro kontrolliert, genießt weitaus weniger Erfolg und Ansehen als einer, der die dicksten Deals an Land zieht. Und was ein Vorstand so macht, das lässt sich nicht geheim halten. Das weiß nach drei Tagen auch der Pförtner eines Unternehmens.

Ein besonders schönes Beispiel lieferte mir eine Mitarbeiterin des Marketings, als ich sie fragte:

»Wann haben Sie Ihren Chef zum letzten Mal gesehen?«

»Och, hm, das muss Wochen her sein.«

»Brauchen Sie ihn denn nicht, damit er Ihnen sagt, was Sie zu tun haben?«

»Wo denken Sie hin? Ich weiß schon selbst, was von mir erwartet wird. Mit solchen Kinkerlitzchen belästige ich doch meinen Chef nicht! Ich gehe nur mit wirklich wichtigen Dingen zu ihm.«

Ein Kollege aus der Fertigung, der daneben stand, verzog das Gesicht:

»Du hast es gut. Mein Boss steht alle zehn Minuten hinter mir und schaut mir über die Schulter … «

»Hat der nichts Besseres zu tun?«

Nein, er verplempert seine Zeit, schadet sich und seinem Unternehmen. Er ist Oberaufpasser, keine Führungskraft – obwohl er das Gehalt einer solchen bezieht.

Stellen Sie die Sündenfrage!

Es ist schwer, als Manager nicht zu sündigen. Überall lauert die Versuchung. Deshalb werde ich immer wieder gefragt, ob es nicht einen Kniff gibt, im Berufsalltag leichter mit möglichen Zeitfressern umzugehen. Den gibt es:

> Genauso wie Sie sich regelmäßig die Hände waschen, sollten Sie sich auch immer wieder die Frage stellen: Was tue ich gerade?

Folgende Fragen helfen, Sünden zu vermeiden:

➤ Wie viel Zeit verwende ich auf diese Aufgabe?

➤ Ist das eine Aufgabe, die meiner Position entspricht?

➤ Gibt es niemand anderen, der das machen könnte?

➤ Bringt es mein Unternehmen voran, wenn ich mich darum kümmere?

➤ Wenn ich die Sache meinen Mitarbeitern und Mitarbeiterinnen noch nicht zutraue, was könnte ich tun, um sie auf solche Aufgaben vorzubereiten?

Neulich half ein Bereichsleiter einem Mitarbeiter aus der Importabteilung tatsächlich, die Postleitzahl von Honolulu herauszufinden.

Eine vertrackte Suche. Sehr nett, dass der Manager da seine Hilfe anbot. Hat er damit aber sein Unternehmen vorangebracht? Oder seine eigene Karriere? Ganz im Gegenteil. Er hat allen einen Bärendienst erwiesen: dem Mitarbeiter, weil er dessen Hilflosigkeit noch unterstützte; sich selbst, weil er seine kostbare Zeit mit Kinkerlitzchen vergeudete, und seinem Unternehmen, weil er sich mit operativen statt strategischen Aufgaben beschäftigte. Seien Sie versichert: Von diesem Fauxpas spricht noch heute jeder im Unternehmen. Nach der Devise: »Kriegt fünfhunderttausend im Jahr und sucht Postleitzahlen! Das hätte jede Hilfskraft auch für drei fuffzig geschafft!«

Die Todsünde

Einer meiner alten Chefs hatte das ganze Jahr über ziemlich hart gearbeitet – wenig Freizeit, viele Geschäftsessen. Mit etwas schlechtem Gewissen ging er zum jährlichen ärztlichen Check-up, stieg auf den Ergometer, fiel runter und war tot. Hinterher sagte sein Arzt: »Der Ergometer ist der häufigste Grund für einen Herzinfarkt.«

> Karōshi-Typen hören erst auf zu sündigen, wenn sie umfallen.

Wir alle sündigen, keine Frage. Sie wie ich. Und auch nachdem Sie dieses Kapitel gelesen haben, werden Sie sich das nicht vollständig abgewöhnen können. Das ist nicht schlimm.

> Schlimmer als zu sündigen ist, damit fortzufahren und die Zähne zusammenzubeißen – obwohl Sie es besser wissen!

Ganz schlimm ist, Tabletten oder Alkohol zu schlucken, um das sündige Treiben zu verdrängen.

Warten Sie nicht, bis Sie urlaubsreif sind!

Machen Sie vorher eine Pause und erholen Sie sich. Aber: Lassen Sie sich keine Zeit damit, »bis es mal passt«. Treffen Sie bei den ersten Anzeichen von Erschöpfung sofort eine Terminvereinbarung in eigener Sache – und halten Sie diese unbedingt ein. Besser ist es natürlich, wenn Ihnen das noch vor den ersten Anzeichen gelingt.

Warum sündigen Manager?

Hätten wir diese Frage nicht schon zu Beginn klären sollen? Nein, denn die Antwort geht ans Eingemachte:

Manager überarbeiten sich nicht, weil sie Macher, Entscheider oder Anpacker sind. Sie überarbeiten sich, weil sie Angst haben.

Das gibt natürlich keiner gern zu, und wenn doch, dann frühestens nach dem zweiten Viertel Wein. Als einer meiner Klienten etwas verzweifelt seinen Terminkalender anschaute und das alte Lied anhub: »Ich müsste eigentlich vierundzwanzig Stunden am Tag arbeiten«, schlug ich ihm nach einem raschen Blick in seinen Kalender vor: »Könnten Sie nicht diesen Termin streichen, vertagen oder delegieren? Das würde Sie immerhin um eine halbe Stunde entlasten.« Ohne zu zögern, sagte er: »Auf keinen Fall, dann ist ja mein Terminkalender nicht mehr voll!« »Und wenn Sie keinen vollen Terminkalender haben ...?«, fragte ich zurück. Was er eigentlich dachte, getraute er sich nicht einzugestehen: » ... dann bin ich in den Augen meiner Mitarbeiter überflüssig!«

Viele Führungskräfte glauben, dass sie Gehalt und Rang nur dann verdienen, wenn sie sich überarbeiten.

Nach dem Motto: »Nur ein gestresster Manager ist ein guter Manager!« Klienten, die das glauben, erzähle ich gern die folgende Anekdote – die sich genauso ereignet hat:

Treffen sich zwei Manager am achten Loch. Sagt der eine: »Ich habe in den letzten drei Tagen zigfach versucht, Sie im Büro zu erreichen. Da waren Sie aber nie!« Entgegnet der andere trocken lächelnd: »Stimmt. Und dieses Jahr haben wir schon wieder einen zweistelligen Umsatzzuwachs. Wie mache ich das bloß?«

> Es ist völlig normal, wenn Sie sich und Ihre Arbeit daran messen, wie überarbeitet, gestresst und erschöpft Sie sind. Gesünder, angenehmer und vor allem sehr viel angesehener ist hingegen ein anderes Kriterium, das Ihre guten Leistungen als Manager belegt: Ihr Erfolg!

Wer Erfolg haben will, muss nicht unbedingt als Letzter das Büro verlassen. Herr Aldi oder Frau Versace kassieren abends auch keine Milchpackerl oder Schals mehr ab. Sie verkaufen keines ihrer Produkte, sondern die Marke Aldi oder Versace.

> Was ist eigentlich Ihre Aufgabe? Tot umzufallen? Oder Ihren Führungsbereich zum Erfolg zu führen?

Letzteres erreichen Sie allerdings nicht, indem Sie den Verkäufer, Sachbearbeiter oder Buchhalter spielen.

Das Kapitel auf einen Blick: Machen Sie den Weinglas-Test!

Wenn Sie sich heute Abend einen guten Tropfen einschenken, denken Sie einmal entspannt darüber nach: Welche meiner heutigen Aufgaben hätte gut und gerne auch ein anderer erledigen können oder sogar müssen? Welche Tätigkeiten werde ich also morgen delegieren, streichen, kürzen und/oder verschieben? Auf welche Tricks meiner Mitarbeiter, die Arbeit an mich zurückdelegieren wollen, werde ich nicht mehr hereinfallen?

Erzählen Sie keinem, was Sie vorhaben!

>*Gehe so mit deinen Untergebenen um, wie du willst,*
dass ein Höherer mit dir umgehen möge.«

Seneca

Ein neuer CEO fällt auf die Nase

Als ich ihn kennenlernte, war er gerade neuer CEO eines Unternehmens geworden. Ein Mann mit nachweisbaren Erfolgen in etlichen anderen Unternehmen. Ein Macher. Ein Manager.

Sein Vorgänger hatte das Unternehmen erweitert, Geschäftsbereiche und Niederlassungen neu hinzugefügt, Hunderte von neuen Mitarbeitern eingestellt. Das hatte hohe Kosten verursacht und große Investitionen verlangt. Und was sagten die internationalen Investoren dazu? »Time to do some business!« Jetzt mussten die Kosten eingespielt, die Investitionen amortisiert und eine satte Kapitalrendite erarbeitet werden.

Die Ziele der Shareholder waren hoch angesetzt. Sie verlangten eine Steigerung des Umsatzes von 50 auf 100 Millionen Euro in den nächsten drei Jahren bei einer Gewinnsteigerung auf 8 Millionen Euro. Selbst dem erfahrenen CEO kam das bei der aktuellen Marktlage ehrgeizig vor. Doch er traute es sich zu.

Zwei Wochen lang zog er sich mit seinen drei Vorstandskollegen hinter verschlossene Türen zurück und tüftelte eine neue Strategie aus, mit der die ehrgeizigen Ziele erreicht werden sollten. Der traditionsreiche Speziallieferant mit fester Stammkundschaft musste nun einen neuen Schwerpunkt im Bereich Marktbearbeitung und Akquise setzen. Oder wie es der Vertriebsleiter ausdrückte: »Seit Jahrzehnten kommen die Kunden zu uns, weil wir die Besten auf unserem Gebiet sind. Jetzt müssen wir zu den Neukunden gehen und diese für uns gewinnen. Das heißt: aktive, offensive Marktbearbeitung, Kundenorientierung und Akquisitionspower aufbauen.« Klingt logisch? Absolut!

Doch die Verkaufszahlen drei Monate später waren desaströs. Praktisch nichts hatte sich geändert! Schlimmer: Die Mitbewerber gewannen sogar leicht an Marktanteilen und die Shareholder zogen ihre Schlüsse daraus: Der neue CEO war auf die Nase gefallen. Warum? Sicher hegen Sie bereits eine Vermutung.

Der Sünde auf der Spur

Eines muss man dem CEO lassen. Er reagierte schnell. Schon nach nur einem Quartal rief er bei mir an. Ich sollte Feuerwehr spielen.

Damit hatte ich allerdings ein Problem, denn ich bin in diesem Sinn kein »typischer Berater«. Als ich den Auftrag erhielt, konnte ich mir deshalb auch nicht vorstellen, so vorzugehen, wie es Berater üblicherweise tun: Excel-Sheets studieren, Controllinglisten lesen, PowerPoint-Präsentationen halten und anschließend 10 Prozent der Belegschaft entlassen. Das bekomme ich nach all den Jahren im Metier immer noch nicht hin. Ich werde wohl nie bei McKinsey einsteigen können …

Nein, meine Vorgehensweise ist eine ganz andere. Ich muss mit den Menschen reden. Als Erstes verlange ich deshalb auch immer ein Fahrzeug und die Vorstände fragen dann regelmäßig: »Wozu brauchen Sie denn einen Wagen?«. Die Antwort ist einfach: »Na, um mit den Führungskräften und Mitarbeitern vor Ort in den Werken und Filialen zu sprechen!« »Was soll das bringen? Wozu gibt es Telefon und E-Mail?«, entgegnen die Vorstände verwundert, erklären sich dann aber bereit: »Bitte, wenn Sie meinen, wir geben dem Fuhrpark Bescheid.«

Schon nach drei Tagen auf der Piste hätte mir auch jeder mitreisende Azubi sagen können, wo der Hase im Pfeffer lag – und das hätte ich nie und nimmer per E-Mail oder Telefon herausbekommen. Wenn ein Mensch vor Ihnen steht, antwortet er ganz anders, als wenn Sie ihn telefonisch oder gar schriftlich befragen. Muss man für diese tiefschürfende Erkenntnis Berater sein? Oder Nobelpreisträger? Ich habe bereits Dutzende Gespräche mit Dutzenden Menschen »vor Ort« geführt – und alle hörten sie sich gleich an:

»Warum machen Sie nicht mehr Umsatz?«

»Weil unsere Produkte zu teuer sind!«

»Aber die Stammkunden bezahlen die Preise doch auch.«

»Ja, weil es Stammkunden sind. Für Neukunden sind wir zu teuer.«

»Weiß das der Vorstand?«

»Wieso? Seit wann interessiert sich der für das operative Geschäft?«

»Seitdem Ihr Unternehmen eine neue Strategie verfolgt, die vor allem auf das Neukundengeschäft abzielt!«

»Wir haben eine neue ...? Wieso weiß ich nichts davon? Oder warten Sie mal, stimmt, da war doch was vor ein paar Wochen. Und was will die neue Strategie? Mehr Kunden? Mit diesen Preisen? Wie stellen die sich das denn vor?«

An diesem Punkt werden die Gespräche dann regelmäßig interessant. Doch es ist schließlich nicht meine Aufgabe, interessante Unterhaltungen zu führen. Meine Aufgabe ist, dem CEO zu sagen, wo er gesündigt hat. Kommen Sie darauf?

Der Sündenfall

Der Vorstand konnte es nicht fassen, dass ich bereits nach einer Woche Nachforschungen einen Ursachenbericht ankündigte. Die

Manager saßen mir gegenüber und sahen mich mit großen Augen erwartungsvoll an. Ich konzentrierte mich auf mein feinstes Fingerspitzengefühl: »Meine Herren (Damen waren leider nicht anwesend), es liegt nicht an Ihrer Strategie (hörbare Erleichterung im Gremium). Die ist genau richtig. Wir haben nur ein Problem: Kein Mensch außerhalb der Hauptverwaltung kennt diese Strategie!«

»Das kann nicht sein!«, rief der CEO und sprang erregt auf. »Vor drei Monaten haben wir für alle Bereichs- und Abteilungsleiter ein Riesenevent veranstaltet, auf dem wir die neue Strategie vorgestellt haben! Die Party hat uns ein sattes Sümmchen gekostet!« Ich hakte nach: »Und wie erklären Sie sich dann, dass einige Ihrer Verkäufer in den Niederlassungen, ja selbst im Stammwerk nur dasitzen und sich nach wie vor allein mit Stammkunden beschäftigen, während andere meinen, die neue Strategie vor allem im Hinblick auf den öffentlichen Sektor umsetzen zu müssen, und wiederum andere auf Großkunden setzen und eine vierte Fraktion ins Massengeschäft einsteigen möchte?«

Ich hatte noch nie zuvor auf einer Vorstandsetage ein derart beredtes Schweigen erlebt.

Was die Verkäufer praktizierten, wird im Beraterjargon »Management by Sinatra« genannt: »I did it my way!« Jeder macht einfach das, was er will. Die Mitarbeiter rennen wie Karnickel durch den Wald, sobald der Jäger in die Luft geballert hat: kreuz und quer. Keine Ordnung, keine Richtung, keine erkennbare Strategie. Und das musste auch in diesem Fall so kommen, denn der CEO hatte eine der Todsünden des Strategischen Managements begangen:

> Wer seine Strategie verkündet, anstatt sie zu verkaufen, der geht mit ihr baden.

Die Implementierung einer Strategie lässt sich nicht mit einem einmaligen Event stemmen, sonst wäre das Strategische Management schon längst durch das Event Management ersetzt worden. Nein, das ist vielmehr eine mittelfristige Kommunikationsaufgabe, die allerdings nicht unbedingt den Managern obliegt.

> Manager verkünden Strategien. Echte Leader sorgen dafür, dass sie auch umgesetzt werden.

Die eigentliche Managementsünde hatte der CEO aber schon viel früher begangen:

Beziehen Sie Ihr Team von Anfang an mit ein!

Erinnern Sie sich noch? Der CEO hatte sich mit nur drei (!) seiner Top-Führungskräfte hinter verschlossene Türen zurückgezogen und die neue Strategie ausgetüftelt.

> Ist bereits die Strategieentwicklung Privatsache, bleibt es die anschließende Strategieumsetzung auch!

Ich weiß, was Sie jetzt sagen möchten: »Aber ich kann doch nicht Hinz und Kunz zur Strategieentwicklung einladen! Das gibt doch ein Chaos!« Das stimmt und ein solches Chaos ist schlimm. Schlimmer ist allerdings eine Strategie, die nicht umgesetzt oder die gar torpediert wird. Dabei ist es im Grunde gar nicht so schwierig, die Truppen um die Fahne zu scharen:

> Sie möchten, dass alle Ihre Strategie mittragen? Beteiligen Sie alle!

Heißt das, Sie sollen die Strategiebildung aus der Hand geben? Sie »einfachen« Mitarbeitern überlassen? Natürlich nicht!

> Mitarbeiter wollen gar nicht die Entscheidungen für eine neue Strategie treffen. So viel Verantwortung möchten sie meist nicht tragen. Aber: Sie wollen gehört werden.

Ich hatte in meinen ersten Berufsjahren einen Chef, der machte das perfekt. Wenn ich einen Geistesblitz hatte, sagte er: »Gute Idee. Das würde uns wirklich voranbringen. Ich werde in diesem Fall jedoch nicht Ihrem Vorschlag folgen können und ich sage Ihnen auch, warum: …« War ich enttäuscht? Natürlich nicht! Ich wuchs regelmäßig zwei Zentimeter, weil der Big Boss meine Idee anerkannte! Und seine Gründe, warum sie nicht realisierbar war, waren immer absolut nachvollziehbar. Dann wiederum erinnere ich mich an einen anderen Vorgesetzten. Wir nannten ihn den Schachspieler.

Der Schachspieler

Er war ein begnadeter Stratege, der in seiner Freizeit auf Turnierlevel Schach spielte – und er verhielt sich auch als Chef wie ein Schachspieler. Er tauschte sich nicht aus. Keiner von uns wusste wirklich, was und wohin er wollte. Als er dann irgendwann Direktiven und Strategieänderungen per Memo verkündete – können Sie sich vorstellen, was da los war?

»Was soll denn das nun wieder?«

»Wie kommt er denn nur auf so etwas?«

»Verstehe ich nicht. Verstehst du das?«

»Das geht doch gar nicht bei dieser Marktlage. Warum weiß er das nicht? Warum hat er uns nicht gefragt? Ich hätte ihm das gleich sagen können!«

Irgendwann lud der Schachspieler einen von uns abends zu sich nach Hause auf ein Glas Wein ein. Am anderen Morgen waren wir

alle schon um sieben Uhr im Büro, fingen den Glückspilz an der Gar-
derobe ab und setzten ihm die Knarre auf die Brust:

»Los, rück schon raus! Was hat er dir erzählt?«

»Also, ein schönes Haus hat er, reizende Kinder. Und seine
Weinkenntnisse – alle Achtung!«

»Willst du den Morgen überleben? Komm endlich auf den
Punkt! Was hat er dir über seine Pläne, seine Strategie, sein
Marktverständnis, unser Portfolio erzählt?«

»Nichts. Er hat mich ja nur auf ein Glas Wein eingeladen.
Wir haben das Glas getrunken – und fertig!«

Fertig war danach auch der Schachspieler. Wir gingen offiziell zu
Management by Sinatra über. Jeder machte es so, wie er es gerade
für richtig befand.

> Offenheit und Einvernehmen hingegen tragen zum Erfolg einer
> Strategie bei.

Führungskräfte sündigen bei der Strategieentwicklung. Und sie sündigen bei der Kommunikation ihrer Strategie – dabei ist diese meist
gar nicht so schwer.

Die Kindergarten-Kommunikation

Irgendwann ging ich mit einem Geschäftsführer über den Flur, als
dieser plötzlich stehen blieb und durch die offene Tür ins Büro eines
Mitarbeiters trat, der gerade mit einem Kunden telefonierte – war
der arme Kerl vielleicht perplex! Doch er hielt sich nicht schlecht.
Unbeeindruckt von der Präsenz des Allmächtigen redete er weiter
mit dem Kunden. Danach sagte der Geschäftsführer zu ihm: »Sie
haben eine wunderbar verbindliche Art am Telefon und unser neu-

es Produkt haben Sie tadellos verkauft. Aber wenn ich noch einmal höre, dass Sie zu einem Kunden mit einem Anwendungsproblem sagen: ›Das kann nicht sein. Das kann nicht am Produkt liegen‹, dann komme ich über Sie wie die apokalyptischen Reiter! Wir sind kundenorientiert. Qua Strategie! Der Kunde ist nie schuld, wenn er Probleme hat. Wir sind dazu da, diese Probleme zu lösen.« »Oh«, entgegnete der Mitarbeiter sichtlich verdutzt. Und fuhr dann kleinlaut fort: »Das hatte ich ganz vergessen.«

Ich wäre fast mit einem Lachen herausgeplatzt. »Die Strategie vergessen? Wie geht denn so etwas?«, fragte ich anschließend den Geschäftsführer. Der antwortete: »Lachen Sie nicht. Wenn Sie Ihre Kunden jahrelang nach der Devise ›Die Technik hat immer recht!‹ beraten haben, dann vergessen Sie vielleicht an einem langen Arbeitstag auch einmal, dass es nun plötzlich anders ist.« »Aber dann müssen Sie Ihren Leuten doch wie eine Kindergartentante jeden Tag dasselbe einbläuen!«, schlussfolgerte ich. »Exakt. Ich und meine Führungskräfte betreiben Kommunikation nach Kindergartenmanier.«

> Ein Manager kann es nicht fassen, dass Mitarbeiter die einfachsten Dinge vergessen. Ein guter Leader ist sich hingegen nicht zu schade, diese einfachen Dinge täglich dutzendfach geduldig zu kommunizieren. Denn er weiß: Darauf kommt es an!

Oder wie die Amerikaner sagen:

> Repetition is the mother of skills.

Radfahren haben Sie auch nicht beim ersten Versuch erlernt. Und es ist weitaus schwieriger, sich die Strategie eines Unternehmens anzueignen. Außerdem:

> Je weniger Sie selbst über Ihre Strategie reden, desto mehr reden andere (falsch) darüber.

So entstehen üble Gerüchte, welche die Umsetzung einer Strategie ausbremsen und jedes Kommunikationsvakuum füllen. Sorgen Sie deshalb dafür, dass erst gar kein Vakuum entsteht.

Best Practice: Der Chef hält die Tür auf

Mein erster Chef war Inhaber eines Elektro-Einzelhandelsgeschäfts. Er predigte uns Lehrlingen immer: »Der Kunde bezahlt unseren Lohn. Also behandelt ihn entsprechend!« Keiner von uns wusste, was er damit meinte – obwohl es so einfach ist! Man sollte meinen, dass eine gute Erziehung jedem normalen Menschen dieses Prinzip beigebracht hätte. Doch genau das zieht in strategischen Dingen nicht: hätte, würde, sollte – der Konjunktiv ist das Mantra der Erfolglosen.

Irgendwann beobachtete ich, wie mein Chef einer Kundin, die zwei Tüten trug, die Tür aufhielt. Da fiel bei mir der Groschen.

> Sie können nicht von Ihren Mitarbeitern erwarten, dass diese ein Verhalten an den Tag legen, das Sie ihnen nicht vormachen. Gehen Sie mit gutem Beispiel voran!

Ich hielt wie ein Weltmeister Türen auf, wünschte einen guten Tag, lächelte, fragte höflich nach dem Befinden – und unser Geschäft behauptete sich entgegen aller Wahrscheinlichkeit gegen den Elektro-Großmarkt, der eines Tags in unsere kleine Stadt platzte. Nichts gegen Media Markt oder Saturn (ich kaufe selbst dort ein), doch die Großen hatten damals keinen Filialleiter, der seine Strategie so mit den Rädern auf den Boden brachte, wie unser Boss dies tat. Deshalb mussten wir den Goliath nicht fürchten. Wir schlugen ihn strategisch. Das ist die Macht der Strategie!

> Eine Strategie, die von den Mitarbeitern gelebt wird, ist eines der mächtigsten Erfolgsinstrumente überhaupt.

Warum kam ich übrigens nicht selbst darauf, unseren Kundinnen die Tür aufzuhalten? Weil Mitarbeiter von allein selten auf so etwas Naheliegendes kommen.

> Wollen Sie warten, bis Ihre Mitarbeiter selbst darauf kommen, welche Strategie sie verfolgen sollen? Wenn das funktionieren würde, wozu bräuchte Ihr Unternehmen dann überhaupt Führungskräfte?

Ich freue mich jedes Mal, wenn ein Manager erkennt, dass es im Grunde seine ureigene Aufgabe ist, die hehre Strategie des Unternehmens immer wieder im Detail zu erläutern und den Mitarbeitern unermüdlich nahezubringen:

>»Wir sind ab sofort kundenorientiert!«

>»Äh, hm, Chef, was heißt das?«

>»Also, dann erkläre ich Ihnen das jetzt noch einmal … «

Kundenorientierung, Marktbeherrschung, Portfolio-Expansion – an der Basis versteht das kein Mensch!

> Wie wäre es mit Dolmetschen? Übersetzen Sie Ihre offizielle Unternehmensstrategie vom Management Speak ins Mitarbeiterdeutsch. Ganz schön vertrackt, nicht wahr?

Eine lohnende, aber anstrengende Übung. Und jetzt sollten Sie sich zur Entspannung etwas die Beine vertreten: Management by walking around.

Management by walking around

Dass Strategien nicht oder nur unzureichend umgesetzt werden, ist nicht die Ausnahme, sondern die Regel. Das ist zwar ärgerlich, aber andererseits auch ein großer Trost: Sie sind nicht allein. Vielen klugen Menschen geht es ähnlich wie Ihnen. Und was machen die anderen in solch einer Situation? Was machen Sie?

Meist haben Sie wahrscheinlich keine Ahnung, woran es eigentlich liegt, dass eine Strategie(änderung) oder Direktive nicht erfolgreich ist. Wie gehen Sie dann vor? »E-Mail schreiben«, »Ein Memo verfassen« oder »Mit den leitenden Mitarbeitern telefonieren« – das sind die häufigsten Antworten. Sie hätten jetzt nicht so geantwortet? Donnerwetter, Sie lernen aber schnell.

Wenn ich gerufen werde, um eine Strategie, die bisher nicht umgesetzt werden konnte, anzuschieben, mache ich etwas, das auch alle Topmanager machen sollten: Walking around. Ich gehe umher. Ich schnappe mir einen Wagen, begebe mich auf Tour und rede mit den Leuten vor Ort. Wie glücklich die sind! »Endlich redet mal einer mit uns« ist der häufigste Kommentar. »Warum hat das so lange gedauert?« Und wir reden nicht übers Wetter oder persönliche Dinge. Wir reden über die Strategie:

>»Warum sind Sie überhaupt da, wo Sie jetzt sitzen? Was ist Ihre Aufgabe?«

>»Ähm, wie meinen Sie das?«

>»Anders herum: Stellen Sie sich vor, Sie sind ein Kunde. Wieso sollten Sie zu Ihrem Unternehmen gehen und nicht zu einem Mitbewerber?«

>»Ja, ich weiß nicht. Warum denn?«

>»Die Strategie gibt genau darauf eine Antwort. Sie benennt die Gründe, warum Kunden sich für Ihr Unternehmen entscheiden. Und jetzt lassen Sie uns darüber reden, wie wir

diese (abgehobene, im Management Speak verklausulierte) Strategie ins Deutsche übersetzen und mit welchem Verhalten Sie sie in Ihrem Arbeitsalltag umsetzen können.«

»Eine gute Idee. Warum hat das vorher noch keiner mit mir besprochen?«

> Mitarbeiter erwarteten oft viel von ihren Führungskräften – und meist bekommen sie nur wenig. Oft noch nicht einmal das Wenigste: ein klärendes Wort zur Strategie.

Ich kenne Führungskräfte, die haben deshalb ein ganz schlechtes Gewissen. Das sind die guten. Die weniger guten sagen: »Wieso? Was unsere Strategie bedeutet, das muss ein Mitarbeiter auch so wissen. Wozu bezahle ich ihn schließlich!« Das ist schon keine Sünde mehr, das ist Blasphemie wider den Spirit of Leadership.

> Die Umsetzung einer Strategie ist nicht die »Holschuld« der Belegschaft, sondern eindeutig Bringschuld des Managements.

»Moment mal«, entgegnen mir viele Führungskräfte an dieser Stelle. »Warum muss der Vorstand die Strategie verkaufen? Eigentlich müssten doch die Bereichs- und Abteilungsleiter, die Vorgesetzten vor Ort die Strategie herunterbrechen und ihren Mitarbeitern erklären, was sie konkret für sie bedeutet!« Bravo! Richtig! Und? Kennen Sie Führungskräfte, die das können? Können Sie es?

> Viele Führungskräfte sind in der Regel damit überfordert, ihren Mitarbeitern die Unternehmensstrategie verständlich zu machen und zu erläutern, was diese für ihren Tätigkeitsbereich bedeutet.

Logisch: Das lernen sie nirgends. Dabei muss man ihnen helfen. Zum Beispiel mit einem Workshop, der genau das trainiert. Die Investition lohnt sich: Danach geht das Team ab wie eine Rakete. Sie haben trotzdem noch Fragen? Das habe ich auch nicht anders erwartet. Fragen haben alle. Deshalb die häufigsten als kleines Frage/Antwort-Spiel.

Die Strategie – Q&A

Frage: »Wir hangeln uns von Quartalszahl zu Quartalszahl. Für das Strategische hat keiner von uns Zeit!«

Antwort: »Stimmt. Wer hat die schon? Gute Nachricht: Das Strategische kostet keine Zeit. Sie können wie der Vorgesetzte oben, der seinen telefonierenden Mitarbeiter zurechtwies, zwischen Tür und Angel kommunizieren. Hauptsache, Sie machen das oft. Außerdem ist es die Aufgabe eines guten Managers, dass er Operatives und Strategisches im Berufsalltag irgendwie zusammenbringt. Beides muss stimmen: die Zahlen und die Strategieumsetzung. Das gilt ja auch für andere Bereiche: Sie arbeiten und kümmern sich beispielsweise gleichzeitig um Ihre Gesundheit.«

Frage: »Wie kann ich als Topmanager kontrollieren, ob die Strategie an der Basis gelebt wird?«

Antwort: »Indem Sie an die Basis gehen! Werden Sie Ihr eigener Kunde und lassen Sie sich inkognito beraten. Der CEO eines Telekomunternehmens setzt sich zum Beispiel jeden Monat für zwei Stunden in sein Callcenter und hört, was die Kunden alles erzählen. Dort bekommt er mehr über die Umsetzung der Unternehmensstrategie mit als in jedem Vorstandsmeeting. Wer den Kontakt zur Basis verliert, verliert das Business.«

Frage: »Wenn mir zu Ohren kommt, dass irgendwo die Strategieumsetzung Probleme macht, sollte ich da nicht eine Arbeitsrichtlinie schreiben?«

Antwort: »Nein! Eine Richtlinie ist nur Papier und das ist geduldig. Suchen Sie den Problemherd direkt auf und machen Sie vor, wie es richtig gemacht werden soll. Dann lassen Sie nachmachen. Das wirkt garantiert.«

Frage: »Muss ich alles vorleben, was ich von meinen Mitarbeitern erwarte?«

Antwort: »Wenn Ihre Mitarbeiter über nur ein Detail Ihrer Strategie sagen: ›Den Boss kümmert das ja auch nicht!‹, ist Ihre Strategie erledigt. Oder haben Sie schon einmal den Inhaber eines Hugo-Boss-Shops in einer Armani-Jeans herumlaufen sehen?«

Frage: »Wie oft muss ich meine neue Strategie verkaufen?«

Antwort: »So oft, bis sie gekauft ist. Blöde Antwort? Sicher. Manager haben ein Riesenproblem mit dem Verkaufen, sogar wenn es um so attraktive Dinge wie die Rocklänge ihrer weiblichen Angestellten geht.«

Wie kurz ist der Rock?

Neulich war ich in einem Unternehmen, das ein ganz apartes Problem hatte (weswegen ich allerdings nicht gerufen worden war): Die Kleiderordnung litt. Es handelte sich um ein Finanzdienstleistungsunternehmen für die gehobene Klientel. Anzug, Krawatte, Bluse und dunkler, knielanger Rock waren seit Jahrzehnten implizit vorgeschrieben. Dann tauchten der erste Mitarbeiter im Holzfällerhemd und die erste Mitarbeiterin im Mini auf. Die Kollegen und Kolleginnen spöttelten: »Wo ist die Kettensäge zum Hemd?« Beziehungsweise: »Wen will die den aufreißen?« Der Chef stand daneben, selbst makellos gekleidet, lächelte gequält – und sagte keinen Ton! Als die Kleiderordnung mehr und mehr missachtet wurde, schrieb er eine Dienstanweisung. Wie beurteilen Sie das?

»Au weia!«, fällt einem dazu ein. Das Problem geriet danach immer mehr außer Kontrolle. Wer liest schon Dienstanweisungen? Und nimmt sie auch noch ernst? Viel eindrucksvoller sind die Hand auf der Schulter, der Blick in die Augen und die Worte: »Lieber Herr Maier, ich will ja nichts sagen, aber … «

> Wenn Manager sich schon wegen so einfacher Dinge wie der Kleiderordnung nicht getrauen, den Mund aufzumachen, weil sie nicht als Spielverderber dastehen wollen, dann ist völlig nachvollziehbar, warum sie es nicht schaffen, ihre eigene Strategie zu verkaufen.

Ein Manager bekommt den Mund nicht auf! Das muss man sich auf der Zunge zergehen lassen. Bei seinem Jahresgehalt! Und bei der Klappe, die Manager sonst so an den Tag legen.

Irgendwann erbarmte sich ein Ressortleiter des besagten Unternehmens seines stummen Chefs und sprang für ihn in die Bresche. Er nahm einen falsch gekleideten Mitarbeiter nach dem anderen zur Seite und erklärte freundlich, aber bestimmt, dass es so nicht gehe, warum das so sei, was mit der Kleiderordnung beim Kunden erreicht werden solle und wie sich der Mitarbeiter künftig zu kleiden habe. Gab es daraufhin einen Aufstand? Nein. Die Mitarbeiter und Mitarbeiterinnen hatten bloß darauf gewartet, dass ihnen endlich einer die Grenzen aufzeigt. Galt der Ressortleiter danach als Spielverderber? Im Gegenteil. Die gemaßregelten Mitarbeiter sagten: »Endlich hat uns einer die Regeln verständlich und auch auf nette Art erklärt. Warum nicht früher? Warum nicht der Vorstand?«

> Mitarbeiter wollen nicht gemanagt werden, sie wollen geführt werden. Tun Sie ihnen diesen Gefallen!

Auch wenn es am Anfang ungewohnt ist, über solche Dinge wie die Rocklänge, durchsichtige Blusen oder jedwede andere Details einer Strategie zu reden: Fangen Sie klein an. Üben Sie von mir aus Ihren Text zu Hause. Steigern Sie sich langsam. Lassen Sie sich coachen. Aber: Tun Sie um Himmels willen etwas! Wer sollte denn sonst Ihre Strategie kommunizieren?

Leader and strategist in one person

Wie reagieren Sie, wenn Sie die Strategie eines Unternehmens hören oder lesen? Ich lache spontan. Denn ich weiß: Meist ist die Realität im Unternehmen genau das Gegenteil. Als ich von einer Firma hörte, die »die beste Technik mit dem besten Service« anpries, lachte ich ebenfalls herzhaft. Doch mir verging das Lachen, als ich Wochen später einen Auftrag von genau diesem Unternehmen erhielt. Ich fuhr hin.

Im Foyer half offensichtlich ein Ingenieur dem Pförtner, die Beleuchtung der ausgestellten Gemälde vorteilhafter zu arrangieren. Die beiden machten eine Wissenschaft daraus. Fasziniert schaute ich zu. Beim Gang über den Hof ins nächste Gebäude wurde ich Zeuge, wie der Mitarbeiter an der Rampe einen Karton, den er wohl eben erst mit großer Mühe verschlossen und verschnürt hatte, ohne Murren wieder aufpackte, weil der Fahrer des abholenden Kunden ein Detail nachprüfen wollte. Langsam bekam ich Angst.

Da hatte ein Unternehmen allem Anschein nach seine Strategie eins zu eins umgesetzt. Wozu brauchten die mich? Viel brennender die Frage: Wie hatten sie das geschafft? Als ich den Geschäftsführer erlebte, löste sich das Rätsel mit einem Schlag. Der Mann gab keine Strategie vor, er verkörperte sie! Während ich auf meinen Termin wartete, hörte ich ihn durch die offene Bürotür zu seinem Entwicklungsleiter sagen: »Das ist mir egal, ob sich das bei diesem Auftrag rechnet oder nicht. Wenn der Kunde dieses Problem hat, dann haben es Dutzende andere auch. Also entwickeln wir nach. Das rechnet sich spätestens beim dritten Auftrag. Und wenn Sie Überstunden machen müssen, dann finden wir dafür eine Lösung.« Worauf der Entwicklungsleiter entrüstet sagte: »Wozu Überstunden? Es ist unser Job, das so zu entwickeln, dass es in der Praxis auch funktioniert!«

Ich fragte den Geschäftsführer, wie er es sich denn leisten könne, nur für seine Strategie zu leben. Ob er nichts anderes zu tun habe. »Nö«, antwortete er. »Den ganzen administrativen Kram erledigen mein Sekretariat, mein Assistent und die Fachabteilungen. Wozu bezahle ich sie schließlich? Ich bin der Chef. Ich kümmere mich fast ausschließlich um das, wovon unser Unternehmen lebt: Qualität und Service.« »Ist es aber nicht belastend für einen Topmanager, vierundzwanzig Stunden am Tag nur für seine Strategie zu leben?« Da lachte der Geschäftsführer:

> »Wenn Sie selbst voll in Ihrer Strategie aufgehen, gibt Ihnen das eine solche Power, eine solche Ausdauer – Sie haben den Spaß Ihres Lebens und den Erfolg. Eine gute Strategie ist die beste Motivation überhaupt. Auch und gerade für die Mitarbeiter.«

Sie kennen vielleicht die Geschichte von den drei Steinmetzen auf einer mittelalterlichen Baustelle, die alle offensichtlich derselben Tätigkeit nachgehen. Danach gefragt, was sie denn gerade machten, antworten sie der Reihe nach:

Steinmetz 1: »Was mir aufgetragen wurde.«

Steinmetz 2: »Steine behauen.«

Steinmetz 3: »Ich baue die größte Kathedrale weit und breit!«

Wer von den dreien war wohl der Motivierteste? Wen musste man kaum anweisen, korrigieren, führen, kontrollieren? Wer hatte die Strategie des Architekten verinnerlicht?

> Am motiviertesten sind Mitarbeiter dann, wenn sie sich mit ihrem Tun ganz und gar identifizieren und den Sinn ihrer Arbeit verinnerlichen.

Dazu ein kleiner Ausschnitt aus einem Interview, das der Teammanager der Deutschen Fußballnationalelf der Süddeutschen Zeitung gab. Oliver Bierhoff sagte: »Man muss die Spieler involvieren, nicht einfach sagen: ›Renn' von A nach B!‹, sondern genau erklären, was der Weg von A nach B bringt. Plötzlich rennt der Spieler aus Überzeugung von allein. Und irgendwann kommen die Spieler selbst und sagen: Trainer, was können wir noch machen?«

> Einheizer sind out. Strategen sind in.

Sie können sich jede Menge Incentives und Motivationsgewäsch sparen, wenn Ihre Leute wissen, warum und wozu sie machen, was sie machen. Nichts macht heißer als eine Strategie, die verstanden wurde. Übrigens: Besagtes Unternehmen brauchte mich natürlich nicht für seine Strategie. Ich sollte den Vertrieb auf Vordermann bringen …

Eine Strategie ist kein Marketing-Gag

Das erlebe ich leider immer wieder: Der Vorstand formuliert mit vielversprechenden Worten die neue Strategie, die Marketingabteilung entwickelt dazu Buttons, Kulis sowie ein schönes Heftchen für die Mitarbeiter und die Manager sagen: »Jetzt haben wir unsere Strategie kommuniziert!« Am Ende dieses Kapitels sollte klar geworden sein: So läuft das nicht.

Wer möchte, dass seine Strategie sich tatsächlich in den nächsten Quartalszahlen niederschlägt, muss täglich und ausdauernd darüber reden, reden, reden. Vor den Mitarbeitern und mit den Mitarbeitern. Er muss ihnen helfen, die Strategie auf ihre täglichen Prozesse, Verhaltensweisen, Maßnahmen und Ziele herunterzubrechen. Danach muss er unablässig kontrollieren, ob sich die Mitarbeiter mit ihrem Verhalten tatsächlich auf die neue Strategie eingestellt haben.

Ich wünschte, es gäbe einen anderen Weg. Es gibt aber keinen. Dafür kann ich Ihnen versprechen: Wer diesen Weg beschreitet, hat damit strategischen Erfolg. Garantiert!

Das Kapitel auf einen Blick: Machen Sie den Jogging-Test!

Wenn Sie sich heute noch eine Jogging-, Walking- oder Biking-Runde gönnen, fragen Sie sich: Wie oft habe ich heute überprüft, ob meine Leute unsere Strategie (richtig) umsetzen? Wie oft habe ich strategische Missverständnisse aufgeklärt? Wie stark möchte ich mich morgen darum kümmern?

Stellen Sie die falschen Leute ein!

Chef: »Wer hat denn diese Flasche eingestellt?«

Assistent: »Äh, ich glaube, das waren Sie.«

Der Sündenfall

Der Leiter des Deutschlandvertriebs eines Geräteherstellers erzählte mir die folgende Geschichte. Die Begebenheit war schon eine Weile her, doch immer noch schnellte sein Blutdruck in die Höhe, wenn er davon berichtete: »Wir hatten kürzlich einige Mitarbeiterwechsel im Innendienst. Eines Tages kommt ein älterer Mann zur Tür herein, steht verlegen in der Ecke und bekommt langsam einen roten Kopf. Geschlagene zehn Minuten kümmert sich kein Schwein um ihn. Das war einer unserer ältesten Kunden! Wenn er früher zu uns kam, hat ihn sofort einer der alten Innendienstler mit Handschlag begrüßt, ihm einen Kaffee angeboten, sich nach seiner Familie erkundigt. An diesem Tag jedoch drehte sich niemand nach ihm um, weil kaum noch einer der alten Kundenberater da ist.«

Der Vertriebsleiter schüttelte den Kopf, als ob er die Sauerei, die da passiert war, immer noch nicht fassen konnte, nahm einen Schluck aus seiner überdimensional großen Bürotasse und fuhr in seiner Erzählung fort: »Die Situation hat dann eine Sekretärin gerettet. Sie kümmerte sich um den Kunden, der gut eine halbe Million im Jahr wert ist. Auch sie kannte den Herrn nicht persönlich, schlussfolgerte aber aus seiner niedrigen Kundennummer, dass er ein ganz alter Kunde sein musste. Jetzt frage ich mich, warum das einer Sekretärin auffällt und nicht einem Kundenberater, der glatt das Dreifache eines Sekretärinnengehalts verdient!«

Gute Frage. Aber eigentlich nicht die entscheidende. Der Vertriebs-leiter hatte vom Vorstand ehrgeizige Absatz- und Umsatzziele ge-nannt bekommen. Er selbst wollte innerhalb von zwei Jahren zum Vertriebsleiter Europa aufsteigen. Sein Bonus und seine weitere Kar-riere hingen aber von seiner Zielerreichung ab und dafür brauchte er auch seine Mitarbeiter: »Wenn ich nur daran denke, wie die Pfei-fen im Innendienst die Kunden vergraulen, wird mir übel. Wie kann man mit solchen Schwachmaten Furore machen? Die treiben Unfug auf Kosten meiner Karriere! Wie viele Kunden haben sie wohl schon vergrault, ohne dass ich es bemerkt habe? Wie viele Millionen fehlen uns, weil diese Dumpfbacken nicht wissen, wie man Umsatz rein-holt, der praktisch vor der Tür steht?« Und dann stellte er endlich die entscheidende Frage: »Welche Pfeifen habe ich da eingestellt?«

Der Vertriebsleiter war einer vom alten Schrot und Korn: Er lieb-te seinen Beruf. Er stand hinter seinen Produkten, seiner Firma. Er hängte sich rein. Er wusste, dass er nicht jedes seiner Geräte selbst verkaufen konnte. Dazu brauchte er seine Mitarbeiter. Gute Mit-arbeiter, herausragende Mitarbeiter – und dann stellte er »solche Dumpfbacken« ein. Wie konnte ihm das passieren?

Gibt es eine schlimmere Führungssünde, als die falschen Leute an-zustellen? Leider ja!

Was noch viel schlimmer ist

Bevor Sie sich an die Brust schlagen und resigniert »mea culpa« in-tonieren, weil Sie sich ebenfalls an so manchen vergangenen oder (leider noch) aktuellen Missgriff erinnern: Vergessen Sie's! Feh-ler bei der Personalauswahl passieren selbst den Besten. Regelmä-ßig. Auch mir. Auch jetzt noch. Da kann man nichts gegen machen. Schwamm drüber. Man kann nicht jedes Mal ins Schwarze treffen. Wie gesagt: Vergessen Sie's! Denn wenn Sie es nicht tun, tappen Sie in eine viel schlimmere Sündenfalle und kommen vom Regen in die Traufe:

> Es ist schlimm, die Falschen einzustellen. Aber noch schlimmer ist es, sie nicht schleunigst wieder loszuwerden.

Bevor die Sozialpädagogen Zeter und Mordio schreien: Loswerden heißt nicht gleich Rauswerfen! Es bedeutet, den üblichen Weg zu gehen und erst einmal versuchen zu retten, was zu retten ist – etwa mit einem Motivationsgespräch (vielleicht kann er ja und will nur nicht) oder einem Kritikgespräch (der berühmte Warnschuss). Falls sich danach nichts ändert, sollten Abmahnungen und Kündigung folgen. Wobei ich selbst den Mitarbeitern in solchen Fällen nicht einfach kündige. Ich mache ihnen vielmehr einen ernst gemeinten Vorschlag, die Karriere zu wechseln – in- oder außerhalb des Unternehmens. Neun von zehn Mitarbeitern sind darüber nicht böse. Im Gegenteil. Weil auch sie merken, dass sie nicht ins Team oder zu ihrer Arbeit passen, sind sie ebenfalls froh, dass ihr Martyrium auf kulante und wertschätzende Weise endlich zu Ende geht. Wenigstens ist das meine Erfahrung. Warum machen so wenige Manager diese Erfahrung?

Weil viele schwer verständliche Hemmungen haben und sich nicht eingestehen wollen, dass sie aufs falsche Pferd gesetzt haben. Sie sind nicht Manns genug, einen Fehler zuzugeben, einen Strich zu ziehen und es beim nächsten Mal besser zu machen. In der Best Practice finde ich diese spätpubertären Hemmungen nicht. So leistet sich zum Beispiel ein großes französisches Bauunternehmen sogar eine eigene Abteilung für Low Performer. Dorthin werden alle »Missgriffe« versetzt. Sie bekommen einen Schreibtisch, aber kein Telefon, keinen PC – und keine Arbeit. Alles ist so geregelt, dass es arbeitsrechtlich absolut in Ordnung geht. Nicht einmal die bekanntlich sehr kampfbereiten französischen Gewerkschaften haben dagegen etwas einzuwenden. Trotzdem versteht jeder versetzte Mitarbeiter irgendwann den Wink mit dem Zaunpfahl und sucht sich einen anderen Arbeitgeber. Diese Vorgehensweise finden Sie ziemlich brutal? Finde ich ehrlich gesagt auch. Deshalb ist es gut, dass es noch Alternativen gibt:

> Es ist nicht so wichtig, wie Sie Ihren Missgriff korrigieren, aber korrigieren Sie ihn!

Von Mitarbeitern, die – aus welchen Gründen auch immer – definitiv nicht zu Ihnen passen und die auch beim besten Willen und mit viel Training nicht passend gemacht werden können, müssen Sie sich trennen. Ob Sie das Problem so wie das erwähnte französische Bauunternehmen lösen oder auf eine kulantere Weise, bleibt Ihnen überlassen. Allein wichtig ist: je früher, desto besser. Denn der Mitarbeiter, der nicht zu Ihrem Unternehmen oder der Position passt, ist wahrscheinlich ebenfalls alles andere als glücklich, weil er das natürlich selbst spürt und darunter leidet.

Wer ist hier der Chef?

Als ich den Privatkundenbereich eines großen Unternehmens übernahm, erlebten wir bald darauf den groß angelegten Angriff eines Konkurrenten. Ich warnte meine Führungskräfte: »Unsere Leute sind gut. Der Mitbewerber wird versuchen, uns einige abzuluchsen! Haltet sie bei der Stange!«

Kurz darauf kam ein Abteilungsleiter in mein Büro geschneit, dem tatsächlich eine Menge Leute abhanden gekommen war: »Houston, wir haben ein Problem!« Ich sagte ihm darauf: »Nicht Houston hat ein Problem, sondern du. Es ist dein Team!« Er sah mich groß an. Ich sah ebenso erstaunt zurück. Denn in diesem Moment wurde uns beiden klar, warum ihm nicht nur Mitarbeiter abhanden kamen, sondern warum auch viele seiner Neueinstellungen Missgriffe waren:

> Viele Vorgesetzte denken: »Ich habe Mitarbeiter – aber für diese ist mein Chef zuständig!«

Ich habe den Falschen eingestellt? Macht nichts, soll der Chef mir halt eine neue Arbeitskraft besorgen. Ich behandle meine Mitarbeiter so, dass sie wegen einem Hunderter mehr auf dem Gehaltszettel zur Konkurrenz gehen? Macht nichts, soll der Chef eben neue Leute einstellen. Die meisten leugnen die Verantwortung und das erklärt auch, warum so viele Abteilungsleiter auf die Personalabteilung schimpfen: »Welche Pfeifen haben die denn wieder für uns eingestellt?« Was viele Vorgesetzte nicht erkennen: Anklage ist Selbstanklage.

> Es ist nicht Aufgabe der Personalabteilung, Mitarbeiter auszuwählen, sondern sie *einzustellen*. Auswählen muss sie der Fachvorgesetzte selbst.

Oder anders ausgedrückt:

> Wer die Rekrutierung der Mitarbeiter delegiert (an wen auch immer), begeht eine Managementsünde, die sich bitter rächt: Zwangsläufig werden dann die falschen Mitarbeiter eingestellt.

Die Wahl der Mitarbeiter sollte nicht anderen überlassen werden – weder dem eigenen Chef noch der Personalabteilung. Das ist Sache des Fachvorgesetzten!

> Es lohnt sich immer, wenn Sie Ihren Führungskräften mit deutlichen Worten klarmachen, dass sie und nur sie allein für ihre Mitarbeiter verantwortlich sind.

Natürlich müssen Sie das Recruiting auch dementsprechend organisieren: Die Personalabteilung bewältigt den ganzen Papierkram, der Fachvorgesetzte legt das Anforderungsprofil fest und Sie geben die Rahmenbedingungen vor (zum Beispiel Mindestanforderungen der Bewerber oder das Verbot, Verwandte einzustellen). Hört sich logisch an? Dann sollten Sie einmal sehen, was in den Unternehmen tatsächlich Realität ist. Ich muss immer wieder feststellen, dass schätzungsweise 70 Prozent aller Führungskräfte noch nie in ihrem Leben ein Anforderungsprofil erstellt haben. Danach gefragt, sagen sie: »Ich weiß doch auch so, was ein Bewerber mitbringen muss!« Meist sind das dieselben Vorgesetzten, die sich dann bei mir beklagen, dass man mit ihren Mitarbeitern keinen Blumentopf gewinnen kann. Das ist einfach unnötig. So ein Anforderungsprofil ist doch keine Dissertation! Das erstellen Sie in relativ kurzer Zeit.

Verlassen Sie sich nicht auf die Personalabteilung!

Ich habe nichts gegen Personaler. Im Gegenteil, ich liebe sie sogar – besonders meine Frau, die Leiterin der Personalabteilung einer internationalen Bank ist. Und ich weiß auch, dass gute Personaler sich ebenso über folgende Todsünde aufregen. Deshalb:

> Verlassen Sie sich bei der Personalauswahl niemals auf die Personalabteilung!

Ein Sündenfall, der meine eigene Familie betraf, illustriert das besonders eindrucksvoll: Unsere Tochter Teja arbeitete während ihres Pharmaziestudiums bei dem Pharmaunternehmen A. Nach erlangtem Diplom hatte sie die Wahl, entweder weiter bei A zu arbeiten, wo man sie gern behalten hätte, oder zu B zu gehen. Nun, den Vertrag mit B hatte sie bereits in der Tasche, wollte aber unbedingt bei A bleiben, worauf sie mit dem zuständigen Recruiting-Experten sprach. Der hatte anscheinend viel um die Ohren und möglicherweise auch Wichtigeres zu tun, als eine frischgebackene Magistra einzustellen. Jedenfalls gab meine Tochter nach mehreren vergeblichen Anrufen und tagelangem Warten auf und unterschrieb nolens volens den Vertrag bei B.

Am Tag darauf wurde sie von der Abteilungsleiterin, für die sie während ihres Studiums gearbeitet hatte, angerufen und gefragt, wann sie denn ihre Arbeit bei ihnen wieder aufnähme, da man sie so dringend brauche und so zufrieden mit ihr gewesen sei. Beide Frauen waren nun stinksauer auf besagte Personalabteilung, doch die richtige Adresse für den verständlichen Ärger war das nicht.

> Denken Sie an das alte Sprichwort: »Wenn der Bauer besoffen ist, ist der Wein daran schuld.«

Natürlich hatte die Personalbteilung aus Sicht der Fachabteilung zu langsam gearbeitet. Doch dass sie nicht schuld daran war, dass nicht die beste Bewerberin eingestellt wurde, ist schnell ersichtlich. Erkennen Sie den eigentlichen Knackpunkt? Richtig: Warum hat die Abteilungsleiterin erst so spät angerufen? Hatte sie nicht die Kraft, den Telefonhörer früher in die Hand zu nehmen? Fand sie das Telefon nicht? Waren die Leitungen gestört? Ein Satellit abgestürzt? Hatte sie keine dreißig Sekunden Zeit, einer High Potential zu sagen: »Wir wollen Sie. Kommen Sie her, der Vertrag liegt in zwei Wochen für Sie bereit, wenn die Sachbearbeiter damit durch sind.«?

Hätte sie die Sache von Anfang an in die Hand genommen und die Personalabteilung lediglich zur Unterstützung der Abläufe eingesetzt (wofür sie eigentlich vorgesehen ist), dann hätte sie ihre Wunschkandidatin bekommen. Aber nein, die Abteilungsleiterin beging die Todsünde, das Recruiting unbesehen zu delegieren – als ob die Personalreferenten nicht auch noch hundert andere Vorgänge zu bearbeiten hätten. Sie beging die Sünde, sich nicht um ihre ureigenste Aufgabe zu kümmern. Sie führt Mitarbeiter – aber wie sie sie bekommt, scheint ihr entweder piepegal oder schleierhaft zu sein.

Noch schlimmer: Erst als es zu spät war, kam ihr der Gedanke, sich selbst um das Recruiting zu kümmern und zum Hörer zu greifen. Kein Wunder, dass ständig »die Falschen« eingestellt werden, wenn das Führungspersonal sich »die Richtigen« derart fahrlässig durch die Lappen gehen lässt! Die besten Bewerber stehen vor dem Tor, bitten, betteln und kratzen an der Tür, rufen die Personalabteilung dreimal am Tag an – und was macht der Fachvorgesetzte? Er treibt die High Potentials direkt in die Arme der Konkurrenz, indem er seine Pflichten grob fahrlässig vernachlässigt. Geschäftsschädigend ist das. Firmensabotage von innen. Oder wie sehen Sie das? Wenn Sie einen guten Stürmer sehen, setzen Sie dann nicht eigenhändig Himmel und Hölle in Bewegung, um den Mann oder die Frau zu sich ins Team zu holen? Das tun Sie? Glückwunsch!

An dieser Stelle meiner Ausführungen wandte ein Klient ganz verzweifelt ein: »Aber bei uns ist wirklich die Personalabteilung für die Bewerberauswahl zuständig!« Mir gingen kurz die Nerven durch und ich blaffte ihn an: »Ja? Und? Wer hat nachher unter dem neuen Mitarbeiter tagtäglich zu leiden, wenn der Falsche eingestellt wird? Wessen Leistungsziele werden dadurch gefährdet? Die der Personalabteilung oder Ihre eigenen?« Er hat es mir nicht krumm genommen, guckte mich nur schweigend an, nahm den Telefonhörer zur Hand und kündigte seinem Personalreferenten an, dass er heute Nachmittag bei dem geplanten Bewerbergespräch dabei sein werde. Der Personalreferent nahm das übrigens sehr erfreut auf, denn auch er war nicht glücklich damit, dass er die Entscheidungen immer allein treffen musste und hinterher kritisiert wurde, angeblich die Falschen eingestellt zu haben.

> Wer sich selbst um die Personalauswahl kümmert, bekommt die guten Leute. Unter Garantie!

Sie müssen nicht die Anzeige schalten oder die Vorauswahl treffen – dafür (und für vieles andere mehr) haben Sie die Personalabteilung. Es reicht völlig, wenn Sie sich um das Wesentliche kümmern. Recruiting ist kein Mail Order Business und auch nicht Ebay! Gute Mitarbeiter kann man nicht bei Neckermann bestellen, obwohl das sicher kein schlechtes Geschäft für den Versandhandel wäre.

Person schlägt Papier!

Es gibt noch einen Grund, warum manche Vorgesetzte bei der Personalauswahl öfter danebengreifen als andere. Sie orientieren sich zu stark an der vorliegenden Bewerbung. Doch:

Der Lebenslauf ist nicht das Leben, er sagt nur bedingt etwas aus.

Papier ist geduldig. In seinem Curriculum Vitae sieht jeder halbwegs intelligente Bewerber gut aus. Viele beauftragen sogar professionelle Texter, die ihnen ihre Bewerbung formulieren – so schaffen sie es in jedes Vorstellungsgespräch. Im Gespräch bewahrheitet sich der schöne Schein allerdings nicht immer.

Wenn Sie die Besten wollen, hilft allein Lesen nicht viel. Viel besser ist: reden, reden, reden.

Sie haben nicht die Zeit? Wer behauptet denn, dass ein solches Gespräch Zeit kostet?

Ob ein Mitarbeiter für die Stelle geeignet ist oder nicht, können Sie in wenigen Minuten erkennen – wenn Sie mit ihm reden.

Ein Schlüsselerlebnis, das mir diese Erkenntnis bescherte, hatte ich an einem regnerischen Tag – ich bin heute noch dankbar für diesen Regen. Um das Gespräch locker zu beginnen, sagte ich: »Na, das schüttet ja mal wieder wie aus Kübeln!« Darauf antwortete der Bewerber: »Ja, so ein Mist. Seit drei Tagen nichts als Regen und fürs Wochenende sieht's nicht besser aus.« Fast hätte ich seine Antwort als Smalltalk abgetan, doch dann wurde ich stutzig, weil mir die Frage durch den Kopf schoss: »Willst du so einen Pessimisten jeden

Tag um dich haben?« Ich achtete im weiteren Gespräch darauf und richtig: Der Mann ließ alle Nase lang defätistische Bemerkungen fallen wie alte Pferdeäpfel. Ein echter Sonnenschein. Eine Bereicherung fürs Abteilungsklima – vor allem in stressigen Zeiten, in denen es besonders darauf ankommt, dass das Team gute Nerven bewahrt und sich bei Laune hält.

Von dieser überraschenden Erkenntnis elektrisiert stellte ich gleich den nächsten Bewerber auf die Probe – und der antwortete doch tatsächlich:

> »Ich freue mich, wenn es regnet. Denn wenn ich mich nicht freue, regnet es ja auch!«

> »Cooler Spruch.«

> »Der stammt von Karl Valentin. Für mich der beste deutsche Komiker.«

Haben Sie auf die Uhr geschaut? Innerhalb von nur zehn Sekunden hatte ich acht Dinge über diesen Mann herausgefunden: Er war optimistisch, schlagfertig, extravertiert, kontaktfreudig, ohne Berührungsangst gegenüber Autoritäten, er konnte sich gut artikulieren, war kulturell interessiert – und somit sicher auch ein gewandter Gesprächspartner im Kundengespräch. Diese Charakterzüge und Talente, die ich blitzschnell ausgemacht hatte, bestätigten sich in den folgenden Minuten, während seine Fachkompetenz vergleichbar mit der des Pessimisten war. Wen habe ich wohl eingestellt? Übrigens: Ich hätte diesen Bewerber auch eingestellt, wenn er weniger gut qualifiziert gewesen wäre. Fachwissen kann man sich aneignen – Optimismus kaum. Ergo:

> Das wichtigste Kriterium für oder gegen einen Bewerber steht nicht im CV! Über den Charakter Ihres potenziellen Mitarbeiters erfahren Sie nur etwas im persönlichen Gespräch.

Weder Charaktereigenschaften noch Einstellungen und Grundhaltungen wie Mut, Stehfähigkeit, Resilienz, Integrität, Teamfähigkeit, Toleranz, Umgänglichkeit oder die Fähigkeit, über den Tellerrand hinauszuschauen, sowie Manieren sind im Lebenslauf verzeichnet! Diese persönlichen Eigenschaften sind hundertmal wichtiger als Fachkompetenz, sie stehen aber in keinem Zeugnis und ich kann sie auch nicht von der Personalabteilung testen lassen. Ich allein muss entscheiden können und wollen, wer zu mir passt. Aber Vorsicht, hier läuft man Gefahr, die nächste Sünde zu begehen und persönlichen Sympathiegefühlen auf den Leim zu gehen.

Sympathie ist nicht unbedingt ein guter Ratgeber

Ich beriet einen Klienten, der sich eine echte Gurkentruppe zusammengestellt hatte – jeder im Unternehmen wusste das. Sogar der Konkurrenz war es bekannt und sie konnte ihn blitzschnell abhängen. Alle wussten es, nur er nicht! Das heißt, er realisierte, dass sein Team die vorgegebenen Ziele nicht erreichte, doch er wusste einfach nicht, wieso. Erraten Sie es?

> Schwache Vorgesetzte klonen sich. Sie stellen kleine Doppelgänger ihrer selbst ein.

Mein Klient war ein sportlicher Hansdampf in allen Gassen. Also stellte er lauter sportliche Hansdampf-Typen ein – ohne sich dessen bewusst zu sein. Oder wie die Briten sagen: »People that are like each other, like each other.« Menschen, die einander ähneln, finden sich sympathisch. Deshalb hatte der Athlet lauter Boris-Becker-Typen in seinem Team, aber keinen Innovator wie Albert Einstein, keinen Macher wie Jack Welch, keinen, der zu integrieren wusste, wie Michail Gorbatschow, keinen Planer und keinen Handwerker.

Vorsicht: Der Sympathiefaktor führt Sie in die Irre! Besser ist es, auf Charakterzüge und Eigenschaften zu achten, die Ihr Team braucht.

Ich stellte unlängst ein Programm für eine deutsche Business School zum Thema Internationales Projektmanagement zusammen. Einer der Professoren meinte dazu: »In Ihrer Vorlesung geht es fast ausschließlich um Soft Skills. Könnten Sie nicht auch präsentieren, wie man einen Projektplan erstellt?« »Nein«, antwortete ich. »Empfehlen Sie Ihren Studenten dafür Microsoft Project oder ein Projekthandbuch.« Fachwissen kann sich jeder Viertklässler anlesen. Wie viele Projekte verzögern sich wegen mangelnder Fachkenntnisse? Eben. Die meisten Probleme gibt es, weil die Teammitglieder sich untereinander nicht verstehen oder sie mit den Kunden beziehungsweise Auftraggebern nicht klarkommen. Deshalb sind Soft Skills so wichtig!

Fachkompetenz wird überbewertet

In dem Frühstücksraum eines Hotels in Barcelona wurde mir das eindrucksvoll demonstriert. Eine der Servicedamen war eine echte Perle. Sie füllte Brot nach, bevor ein Brotkorb leer wurde, räumte Tische ab, grüßte jeden Gast freundlich, ersparte manchen den Gang ans Büfett – während zwei ihrer Kollegen mehr oder weniger lustlos spanische Nonchalance zur Schau stellten. Und nun raten Sie! Richtig, die beiden Herren waren Fachkräfte, ausgebildet an einer Hotelfachschule. Die freundliche Bedienung hingegen war »nur« angelernt. Raten Sie weiter, wie das Trinkgeldverhältnis war. Zehn zu eins!

Wer sich auf Fachkompetenz verlässt, ist von allen guten Geistern verlassen.

Mein Auto gebe ich keinem Zahnarzt zur Reparatur. Aber wenn ich die Wahl zwischen einem Chefmechaniker habe, der lustlos im Motorraum herumstochert, und einem Gesellen, der sich bis zum Gürtel zwischen Keilriemen und Motorblock zwängt, dann fällt mir die Wahl leicht. Ich bin Kunde. Ich will keine abgehobenen Fachidioten, ich will zupackenden Service. Natürlich ist der Chefmechaniker fachkompetenter und findet den Fehler vielleicht schneller. Vielleicht. Aber nur 10 Prozent der Kunden wollen erstrangige Fachkompetenz, 90 Prozent wollen hingegen kundenorientierten Service. Leider sind die Einstellungskriterien den Kundenwünschen diametral entgegengesetzt: 90 Prozent der Vorgesetzten legen vor allem Wert auf Fachkenntnisse, nur 10 Prozent auf die Kundenorientierung des potenziellen Bewerbers.

Ich gestehe: Ich fahre eine bayerische Nobelkarosse. Wenn ich zum Mechaniker meines Vertrauens sage: »Bitte Sommerreifen aufziehen«, dann macht dieser – ohne dass er oder ich ein Wort darüber verlieren würde – danach noch die Haube auf, schenkt gegebenenfalls Öl nach (das er mir nicht berechnet), checkt alle anderen Flüssigkeiten, prüft die Steckverbindungen und Keilriemen. Das finde ich jedes Mal absolut irre – verglichen mit dem »Service« in anderen Autohäusern. Hat das etwas mit Fachkompetenz zu tun? Nicht die Bohne. Das ist guter Service und kundenorientiertes Verhalten. Der Mann hat einfach kapiert, worauf es ankommt.

Übrigens: Über dieses Thema habe ich bereits in einem Newsletter für Businesskunden geschrieben. Etliche Leser reagierten mit einem Leserbrief: »Wenn mein Chef mir mehr zahlen würde, wäre ich auch freundlicher zu unseren Kunden.« Dazu kann ich nur sagen: Da wäre der Chef ja schön blöd. Die freundliche Servicekraft aus Barcelona verdiente nicht die Hälfte von dem Gehalt der beiden Lackaffen! Und sie war fünfmal so kompetent und freundlich. Leistung hat nichts mit Lohn zu tun – nicht für die Guten. Und die Guten will ich. Sie auch?

In der Beratung sind viele meiner Klienten an dieser Stelle leicht verunsichert: »Wenn ich nicht so sehr auf Fachkompetenz achten soll, worauf denn dann?« Auf das, was wirklich zählt!

Worauf es ankommt

Ich hatte einen Außendienstmitarbeiter, der so irrsinnig fachkompetent war, dass er als einfacher Verkäufer sogar manches besser wusste als die Techniker, die das Gerät konstruiert hatten – und das gaben diese auch unumwunden zu. Die Kunden waren absolut begeistert von ihm. Guter Mann. Wo ist der Haken? Kommen Sie darauf?

Richtig: Der Mann schloss keine Deals ab. Die machten seine Kollegen und Kolleginnen. Die Demütigung war perfekt: Die weniger fachkompetenten Verkäufer warteten, bis der Fachpapst mit seiner Beratung fertig und wieder nicht zum Abschluss gekommen war, dann schnappten sie sich seine Kunden und machten den Sack zu.

> Fachkompetenz kann sich ein Mitarbeiter antrainieren. Dafür gibt es schöne Seminare und Bücher. Doch das, worauf es wirklich ankommt, kann man nicht lernen.

Nicht trainieren kann man beispielsweise Verkaufstalent, soziale oder kommunikative Kompetenz, eine wertschätzende Haltung, Durchhaltevermögen, Killerinstinkt, Bounce-back Quality, systemisches Denkvermögen, ein gutes Selbstmanagement, Stressresistenz … Was fällt Ihnen noch ein?

Sie erkennen langsam, worauf ich hinaus will? Schön, dann lassen Sie uns einen Schritt weitergehen: Sie wissen jetzt, wie man die Richtigen ins Team holt. Doch wie gewinnen Sie die Besten für Ihr Unternehmen? Mit dem Plus-Prinzip!

Das Plus-Prinzip

Wenn Sie einen Sachbearbeiter für Ihre Firmenkunden brauchen, wonach suchen Sie? Blöde Frage, wahrscheinlich nach einem Sachbearbeiter, der Kundenerfahrung hat. Sind Sie sicher?

Wenn Sie suchen, was Sie brauchen, bekommen Sie auch nur das, was Sie brauchen – aber nicht mehr.

Ich wollte schon immer mehr. Ich suche nicht nur das, was ich heute brauche, sondern auch jenes, was ich vielleicht morgen benötigen könnte – das gewisse Extra, das Plus, das »Je ne sais quoi«. Meine Leute sollen besser sein als die des Mitbewerbers, der nur in Anforderungsprofilen und an seine vakante Position denkt.

Wie immer kam ich nicht am grünen Tisch darauf, sondern in der Praxis. Eine Bewerberin passte auf mein Anforderungsprofil wie die Faust aufs Auge. Beiläufig erwähnte sie, dass sie ehrenamtliche Leistungssportreferentin im Tennislandesverband war. Blitzschnell schoss mir der Gedanke durch den Kopf: »Toll, die kann unser Angebot auch im ganzen Tennisverband bekannt machen.« Das hatte ich nicht gesucht, daran hatte ich nicht einmal gedacht, aber es konnte von großem Nutzen sein!

Es lohnt sich, mehr zu verlangen, als Sie eigentlich benötigen!

Ein Bewerber, der nur das Anforderungsprofil erfüllt – das ist nicht genug. In heutigen Zeiten brauchen Sie Mitarbeiter, die noch mehr zu bieten haben. »Ist mir schon klar«, sagte darauf eine Klientin zu mir. »Aber die großen Konzerne schnappen die Besten weg. Uns bleibt nur the Bottom of the Barrel. Die wirklich Guten kommen nicht zu uns.« Mir fiel dazu nur Folgendes ein: »Wenn die Spitzenleute nicht von sich aus bei Ihnen anklopfen, müssen Sie eben zu ihnen gehen!«

Sie brauchen High Potentials!

Die Besten kommen nicht von allein zu Ihnen – außer Sie bezahlen überdurchschnittlich gut oder haben einen Ruf wie BMW.

> **Warten Sie nicht auf die Besten. Gehen Sie zu ihnen!**

Ich kenne einen Recruiter eines kleinen Unternehmens, der den Konzernen die besten Absolventen direkt vor den Hörsaaltüren der Universität wegschnappt. Mit einem einzigen Argument: »Die bezahlen dich zwar besser, doch bei denen bist du bloß eine kleine Nummer – bei uns aber bist du Numero Uno, King of the Hill, Master of the Universe.« Wer kann einer solchen Verlockung schon widerstehen?

Wenn ich eine Position besetzen muss, gedulde ich mich nicht, bis die Besten sich vor meiner Tür prügeln. Ein Manager wartet nicht, er macht. Also stelle ich mich wie ein Marktschreier auf und brülle bei jeder Gelegenheit: »Leute, hört mal her, ich suche … « Ich aktiviere meine Netzwerke und Adressdateien (mit inzwischen achthundert Freunden, Bekannten, Partnern, Kontakten …). So bekomme ich immer, was ich will – und sogar noch mehr. Ein gutes Netzwerk ist immer schneller und besser als der offizielle Markt.

»Ja, aber dann muss man die Leute auch halten können«, wenden meine Klienten oft ein. »Wenn einer gut ist, dann wird er von den Großen abgeworben! Die bezahlen besser, die bieten die vielversprechenderen Karrierechancen.« Welch grandioser Irrtum!

Geld ist nicht alles

Damit keine Missverständnisse aufkommen: Geld ist wichtig. Wenn Sie mir gleich einen Hunderter in die Hand drücken, sage ich selbstverständlich Danke. Aber:

> **Wenn Sie nichts weiter zu bieten haben als ein hohes Gehalt, dann kommen die Leute zwar zu Ihnen – sie bleiben aber nicht.**

Sobald einer Ihrer Konkurrenten ein höheres Gehalt bietet, ist Ihr Mitarbeiter weg. Das wirft die Frage auf: Wie behalten Sie gute Leute, obwohl andere bessere Konditionen bieten? Das geht? Aber hallo! Ein Blick auf die Best Practice genügt. Ich habe Mitarbeiter solcher Unternehmen gebeten, folgenden Satz zu vervollständigen:

Ich arbeite gern hier, obwohl ich woanders mehr verdienen könnte oder bessere Karrieremöglichkeiten hätte …

➤ … weil mir hier keiner reinredet und ich große Entscheidungsfreiheit genieße – genau das, was ich will.

➤ … weil der Chef ein feiner Kerl ist, ein echter Mensch, der dich auch unterstützt, wenn es privat Probleme gibt. Das kann man mit Geld nicht aufwiegen!

➤ … weil ich hier kein kleines Rädchen bin, sondern meinen Bereich von vorn bis hinten selbst bearbeiten kann.

➤ … weil ich kommen und gehen kann, wann und wie ich will!

➤ … weil wir einfach ein super Team sind und jede Menge Spaß haben.

➤ … weil ich hier meine Weiterbildung selbst mitgestalten kann und nicht auf das Seminar muss, das mir der Chef oder der Personalreferent diktiert.

➤ … weil ich neben dieser Arbeit noch ein Privatleben haben kann.

➤ … weil sie dich hier wie einen Menschen behandeln und nicht wie einen Kostenfaktor.

Beeindruckend, nicht? Diese Gründe haben alle nichts mit Geld oder Karriere zu tun. Wie würden Ihre High Potentials den oben genannten Satz vervollständigen? Wissen Sie es? Wer es weiß, bindet Leistungsträger erfolgreich an sein Unternehmen (High Potential Retention).

> Nur wer sonst nichts draufhat, muss seine Mitarbeiter mit Kohle ködern.

Was haben Sie Ihren High Potentials und Leistungsträgern zu bieten? Es ist eine Managementsünde, nur ans Geld zu denken, Mitarbeiter erwarten oft ganz anderes. Nur wer sich nicht darum schert, hat Mitarbeiter, die ständig mehr Kohle verlangen.

Wie wäre es mit Enthusiasmus, Spirit und Spaß bei der Arbeit? Das befriedigt die Leute viel mehr als der schnöde Mammon. Wenn Arbeit nicht bloß als Muss, sondern als sinnvoller Ausgleich zur Freizeit verstanden wird, dann haben Sie keine Mitarbeiter, sondern Freunde fürs Leben gewonnen, die alles dafür tun werden, um bei Ihnen arbeiten zu dürfen. Oder wie mir einer dieser High Potentials sagte: »Sagen Sie es nicht meinem Chef, aber ich würde hier auch für 200 Euro weniger arbeiten. Die Arbeit, das Klima, die Kollegen, der Boss – das ist einfach alles saugeil, das gebe ich für alles Geld der Welt nicht her!« Hätte das auch einer Ihrer Mitarbeiter sagen können? Wie denn, wenn Sie selbst Ihre Arbeit an manchen Tagen verfluchen?

Und wer motiviert Sie?

Seien Sie Vorbild! Wie kann ich von einem Mitarbeiter Spirit und Elan erwarten, wenn ich als Topmanager mit depressivem Blick, hängenden Schultern und ohne zu grüßen durch die Gänge zu meinem Büro schlurfe? Das ist Ihnen schon klar? Aber manchmal finden Sie alles zum Kotzen? Welchem Manager ginge das nicht so!

> Motivieren Sie sowohl Ihre Mitarbeiter als auch sich selbst!

Wer sollte das sonst für Sie tun? Die meisten Manager erwarten, dass ihr Vorgesetzter sie motiviert – oder sogar die Mitarbeiter, die Kunden, die Kollegen, die Umstände. Vergessen Sie's! Chefmotivation ist Chefsache. Es gibt fünfhundert Methoden der Eigenmotivation. Suchen Sie sich etwas Schönes aus. Sich selbst wirksam und nachhaltig anspornen zu können, das macht einen Leader aus!

Wie ich mich selbst motiviere? Mit vielem. Wenn ich an manchen Tagen mit dem ganzen Elend meines eigenen Führungsbereichs konfrontiert werde, dann haue ich panikartig die Bremse rein und zwinge mich, meinen schreckensstarren Blick auf anderes zu richten – zum Beispiel auf das, was ich erreichen möchte, was ich jetzt am liebsten hätte, was in diesem Augenblick genau richtig wäre. Nein, damit meine ich nicht vierzehn Tage Mallorca, sondern etwas, das mir bei den Problemen, auf die ich gerade gestoßen bin, helfen könnte.

Ein Partner stellt sich zum Beispiel quer. Er ist sauer und will nicht mehr mit mir reden. Schlimm. Aber: Es lohnt sich nicht, lange im Elend zu schwelgen. Ich stelle mir stattdessen vor, wie wir zwei über den Gang gehen, uns Jägerlatein erzählen und er mir auf die Schulter haut: »Boah, super Story!« Schon keimt Mut in mir auf, zu ihm hinüberzugehen und zu sagen: »Sorry, Mann, was lief denn da schief zwischen uns? Sag mir, was Sache ist, und wir rücken das gerade.« Und genau das mache ich dann auch. Weil ich mich selbst dazu motivieren kann. Sie können das auch, sonst würden Sie dieses Buch gar nicht lesen – denn das kostet Energie. Die meisten Manager tun so etwas nicht, weil sie es nicht können. Aber Sie. Also erzählen Sie mir nicht, dass Sie sich nicht selbst motivieren können …

Darf man Mitarbeiter loben?

Kein Witz, die Frage verunsichert viele Manager. Das gibt nur keiner vor dem dritten Glas Rotwein zu. Dabei ist jeder guten Führungskraft bewusst, dass der Hauptgrund für ständige Gehaltsforderungen, innere Emigration und Kündigung von High Potentials nicht die Knete, sondern mangelnde Anerkennung ist. Ein echtes Problem. Folgende Checkliste hat sich bestens bewährt:

➤ Loben ist kein Führungsstil! Wenn Sie zu oft loben, nutzt sich der Wert Ihres Lobs ab.

➤ Loben Sie niemals pauschal à la: »Müller, Sie sind mein bester Mann!« Jeder Mitarbeiter denkt sich dabei: »Der hat keine Ahnung, was ich wirklich mache, der will sich bloß einschleimen.«

➤ Äußern Sie immer nur konkrete und begründete Anerkennung, also zum Beispiel: »Schmidt, wie schnell Sie den Auftrag 127 abgewickelt haben, alle Achtung! Dieses Volumen in nur drei Tagen, Respekt!«

➤ Je mehr Zuhörer anwesend sind, desto stärker wirkt die Anerkennung.

➤ Wenn Sie es nicht ehrlich meinen oder Ihnen gerade nichts einfällt, schweigen Sie lieber. Nichts treibt Ihre Mitarbeiter so schnell in die Arme der Konkurrenz wie Unaufrichtigkeit.

Einer meiner Chefs schneite jeden Tag bei mir herein und fragte: »Wie geht's denn heute so?« Und jedes Mal war ich echt froh, dass sich endlich jemand um meine Sorgen kümmerte, holte tief Luft und legte mir die Worte zurecht. Doch noch bevor ich auch nur einen Ton herausbrachte, war er schon wieder zur Tür hinaus. Schließlich hatte er noch einen langen Weg durch die anderen Büros vor sich. Keine Frage, dass ich bei so einem Gaukler nicht alt wurde. Was uns zu einer der wichtigsten Fragen im Zusammenhang mit der Mitarbeiterbindung führt.

Welchen Chef hätten Sie gern?

Wie bekommen Sie die besten Mitarbeiter? Wie behalten Sie sie trotz besser bezahlender Konkurrenz? Denken Sie nur an sich:

Wie sieht Ihr idealer Chef aus? Wie wäre es, wenn Sie versuchten, Ihren Mitarbeitern dieser Chef zu sein?

Legen Sie einen Katalog mit den Eigenschaften dieses idealen Vorgesetzten an. Wie wäre es, wenn Sie sich selbst nach und nach diese Merkmale aneigneten?

> Mit einem idealen Chef will jeder gern arbeiten und keiner verlässt ihn wegen ein paar Euros mehr.

Wenn Sie noch mehr Sicherheit in puncto Rekrutierung und Retention haben wollen, legen Sie noch einen oben drauf:

> Seien Sie der Chef, den Sie selbst gern hätten, und zugleich der, den Ihre Mitarbeiter sich wünschen.

Jeder Mitarbeiter mag es anders. Der eine will mehr gelobt werden, der andere braucht viel Freiheit, der dritte straffe Führung, der vierte ab und an einen Schuss vor den Bug. Wenn Sie jedem annähernd das geben können, was er oder sie sich wünscht, haben Sie nie wieder Personal- oder Produktivitätssorgen. Denn:

> Für einen Chef, der die Bedürfnisse seiner Mitarbeiter kennt und berücksichtigt, gehen diese durchs Feuer und sie bleiben bei ihm – komme, was da wolle!

Ein geradezu genialer Entwickler antwortete mir auf meine verständnislose Frage, warum er denn immer noch für diesen Zulieferer arbeite, wo er doch so stark umworben werde und bei den Automobilherstellern glatt das Dreifache verdienen könne: »Ich habe ein Haus, zwei Autos, drei Kinder. Geld ist nicht mehr so wichtig wie noch vor zwanzig Jahren. Und ich glaube nicht, dass mir BMW, Daimler oder Ford garantieren können, dass ich auch dort einen Vorgesetzten habe, der mir jede Freiheit gibt, der mich immer wieder rauspaukt, wenn ich mich in der Grundlagenforschung verrannt habe, der mir ungefragt eine Haushaltshilfe organisiert, wie es beispielsweise mein Chef tat, als meine Frau im Krankenhaus lag ... Selbst wenn ich so undankbar wäre, so einen feinen Kerl im Stich zu lassen – ich müsste ja total bescheuert sein. So gut wie hier habe ich es nirgends!«

Eigentlich logisch, nicht? Wie sagt man doch so schön: »Wie der Herr, so's G'scherr.« Klasse Vorgesetzte bekommen auch klasse Leute – und behalten sie.

> **Das Kapitel auf einen Blick: Machen Sie den Kuss-Test!**
>
> Nachdem Sie heute Abend die liebe Partnerin oder den lieben Partner mit dem obligatorischen Willkommenskuss begrüßt haben, fragen Sie sich: Was könnte ich tun, um die »richtigen« Mitarbeiter zu erkennen und einzustellen? Was habe ich heute getan, um meine besten Leute zu halten? Was werde ich morgen tun?

Machen Sie am besten alles selbst!

CEO zum Berater: »Wo liegt der Fehler in unserem Unternehmen?«

Berater: »Ich glaube, er sitzt vor mir.«

Der Sündenfall

Vor einiger Zeit saß ich dem Geschäftsführer eines mittelständischen Unternehmens in seinem Büro gegenüber. Gerade als wir die ersten Höflichkeiten ausgetauscht hatten und in medias res gehen wollten, klopfte es an der Tür und die Chefbuchhalterin kam herein. Sie hatte festgestellt, dass die monatliche Meldung ans Finanzamt nicht stimmte, konnte aber nicht herausfinden, wo der Fehler steckte. Nachdem beide das Problem zusammen gelöst hatten, wandte ich mich an den Geschäftsführer und wollte ihm Wesen und Wirkungsweise eines neuen Kundenservice erklären. Doch da klingelte sein Telefon – die Fertigung hatte ein Problem mit einer Maschine.

Nach diesem Telefongespräch konnte ich gerade noch meine Präsentation zu Ende bringen, bevor sein Assistent auf der Matte stand und erklärte, dass der nächste Besucher fünfzehn Minuten früher als vereinbart eingetroffen sei. Er fragte, ob er ihn hereinbitten solle. Der Geschäftsführer wies ihn sichtlich gereizt an, den Besucher warten zu lassen, und meinte dann zu mir: »Wir müssen das unbedingt im Detail diskutieren. Können Sie nächste Woche noch einmal vorbeikommen?« »Nein«, sagte ich. Der Geschäftsführer sah mich erschrocken an – Topmanager sind es nicht gewohnt, wenn man ihnen widerspricht. »Wenn Sie unsere Diskussion auf einer etwas professionelleren Basis weiterführen möchten«, schlug ich vor, »besuchen Sie mich doch in meinem Büro.« Er sah mich mit handtellergroßen Augen an.

Zufällig traf ich ihn in derselben Woche an der Kaffeebar einer Veranstaltung. Er schnitt eine Grimasse, kam aber sofort auf den Punkt:

>>So wie neulich geht es fast täglich bei mir zu! Jeder will mit mir sprechen und glaubt, ich würde die Antwort auf jede Frage kennen! Ich arbeite fünfzehn Stunden am Tag, sechs Tage die Woche. Wo liegt das Problem?<<

>>Ich glaube, es steht vor mir.<<

Tatsächlich formulierte ich es etwas vorsichtiger. Schließlich wollte ich ihn nicht schon wieder schockieren:

>>Fast allen guten Managern, die ihren Job ernst nehmen, geht es wie Ihnen. Fast allen. Es gibt einige, die haben das Problem elegant gelöst.<<

>>Na, dann raus mit der Sprache. Verraten Sie mir das Geheimnis!<<

>>Es ist kein Geheimnis, es ist ein Quiz.<<

>>Ein Quiz? Legen Sie los!<<

Das Chef-Quiz

>>Was ist Ihre Hauptaufgabe als Manager?<<

>>Natürlich, Entscheidungen zu treffen!<<

>>Welche Art von Entscheidungen?<<

>>Selbstverständlich die strategischen!<<

>>Aha, und der Chefbuchhalterin dabei zu helfen, einen Fehler in der Steuererklärung zu finden, ist zweifelsohne eine strategische Angelegenheit.<<

>>Ich ahne, worauf Sie hinauswollen.<<

»Worauf denn?«

»Darauf, dass es nicht meine Aufgabe ist, mich um die Problemlösung auf operativer Ebene zu kümmern.«

»Ja, aber was heißt das?«

»Dass ich meine Mitarbeiter in Zukunft wegschicken muss, wenn sie mit operativen Fragen zu mir kommen?«

»Dann werden diese aber ziemlich sauer sein. Zu Recht, übrigens.«

»Dann vielleicht so: Wenn sie zu mir kommen, sollen sie gleich Lösungsvorschläge mitbringen, zu denen ich dann bloß Ja oder Nein sagen muss.«

»Eine gute Idee! Das kostet Sie nur einen Bruchteil der Zeit, die Ihnen sonst geklaut wird.«

»Hm, warum bin ich nicht früher darauf gekommen?«

Warum sind Sie nicht früher darauf gekommen?

Haben Sie sich das auch schon gefragt? Dann gebe ich Ihnen ein paar Antworten zur Auswahl: Manager wollen gebraucht werden, sich unersetzlich fühlen und alles kontrollieren. Wen schert es, wenn auf der Rampe ein Sack Schrauben umfällt? Den Geschäftsführer, der jedes Staubpartikel im Lager mit Vornamen kennt.

Der Boss sieht alles, weiß alles und macht alles … besser! Er ist sogar seiner Chefbuchhalterin in Sachen Buchhaltung überlegen, wie unser Beispiel zeigt. Als der Inhaber des Unternehmens von der Episode erfuhr soll er übrigens gesagt haben: »Was macht mein Geschäftsführer? Buchhaltung? Das ist gut. Dann bezahle ich ihm ab sofort das Gehalt eines Buchhalters!«

Es ist menschlich und edel, wenn Ihr Bauch Ihnen zuruft: Hilf der Buchhalterin! Dem Lageristen! Mach alles selbst! Putz auch noch die Fenster, wenn die Reinigungskraft das nicht so gut macht wie du! Bedanken Sie sich bei Ihrem Bauch für seine Menschlichkeit – und dann schalten Sie Ihren gesunden Managerverstand wieder ein.

Indem Sie sich beispielsweise fragen:

Wofür bekomme ich mein Managergehalt? Dafür, dass ich die Arbeit meiner Mitarbeiter mache? Oder dafür, dass ich das Unternehmen strategisch voranbringe und die wirklich wichtigen Entscheidungen treffe?

Was verführt Sie dazu, alles selbst zu machen? Ihr Helfersyndrom? Ihre Feuerlöscherhaltung? Ihre Kontrollitis? Ihr Perfektionismus? Ihr Misstrauen gegenüber allem, was nicht Sie auf die Beine gestellt haben? Egal, was es auch ist: Fragen Sie sich doch gelegentlich, ob Sie jedes Mal darauf hereinfallen wollen. Wenn ja (was selten ist), brauchen Sie einen guten Coach. Wenn nein (was die Regel ist), können Sie darangehen, Ihre individuellen Gründe für dieses Verhalten zu entlarven.

Was verführt Sie?

Beginnen Sie ganz am Anfang – an einem x-beliebigen Morgen Ihres Büroalltags. Was machen Sie zuerst?

»Normalerweise schaue ich in meine Mailbox«, sagte der Geschäftsführer aus unserem Beispiel.

»Sie selbst?«

»Ja ... warum?«

»Wer sortiert Ihre eingehende Korrespondenz vor?«

»Vorsortieren?«

»Sie haben doch einen Assistenten ... «

»Ja, und eine Sekretärin – und beide tun so, als ob sie Postboten wären. Sie kippen die Post einfach auf meinen Schreibtisch!«

»Wissen die beiden denn, nach welchen Kriterien Sie Ihre Post vorsortiert haben wollen?«

»Aber das ist doch klar!«

»Und deshalb landet die Post jeden Morgen unsortiert auf Ihrem Schreibtisch?«

»Muss ich denn alles haarklein erläutern?«

»Sie meinen, alles haarklein selbst zu machen ist besser, als alles haarklein zu erklären?«

Wir waren an einem kritischen Punkt angelangt. Was mein Gesprächspartner nicht wusste: Der Inhaber hatte zuvor mit mir gesprochen. Er wollte wissen: »Brauchen wir einen neuen Geschäftsführer? Ich habe den Eindruck, der alte bringt das Unternehmen nicht so voran, wie ich es mir wünsche. Die Konkurrenz wird immer stärker.« Klar, dass die Konkurrenz erstarkt, wenn man(ager) sich vorrangig nicht darum, sondern lieber um Mailberge, Buchhaltung und andere Aufgabenbereiche der Mitarbeiter kümmert!

> Jede Sekunde, in der Sie die Arbeit Ihrer Mitarbeiter machen, sägen Sie an Ihrem Stuhl, schädigen Ihr Unternehmen und bedrohen die Arbeitsplätze Ihrer Mitarbeiter. Damit richten Sie mehr Unheil an als Ihre Konkurrenz oder übelwollende Intriganten im Unternehmen.

Oder wie ein Hobbyskipper und Vorstandsmitglied eines Chemie-konzerns einmal launisch bemerkte: »Wenn der Skipper in der Kom-büse den Pudding rührt, wer steuert dann auf der Brücke das Schiff durch die Klippen?« Leider kümmern sich viel zu viele Manager um den Pudding, was existenzbedrohend sein kann. In vielen Unternehmen verhindern nicht das Kapital, die Innovationen oder die Supply Strategy den Erfolg. Das größte Risiko, eine immense Gefahr und die schärfste Bedrohung für die Existenz eines Unternehmens sind Manager, die nicht strategisch entscheiden, sondern sich lieber mit ihrer E-Mail-Lawine beschäftigen und im operativen Sündenpfuhl wühlen.

Als besagter Geschäftsführer das erkannte, wurde er erst einmal vor Schreck bleich. Er hatte gedacht, dass er sich fünfzehn Stunden am Tag für das Unternehmen aufopfere. Dass er tatsächlich fünfzehn Stunden lang mehr oder weniger an seinem eigenen Stuhl und an der Existenz des Unternehmens gesägt hatte, haute ihn um. Er setzte sich umgehend hin und analysierte seinen üblichen Arbeitstag. Dabei halfen folgende Fragen:

Weitere Sündenfragen

➤ Klassifizieren Sie eine Aufgabe, bevor Sie sie anpacken, nach den Kriterien »wesentlich/strategisch« und »bloß dringend«?

➤ Delegieren Sie konsequent alles, was »bloß dringend« ist?

➤ Ist es notwendig, dass Sie tun, was Sie gerade tun?

➤ Können Sie das Ganze abkürzen? Lässt sich das Problem auf das Wesentliche reduzieren?

➤ Welches sind die Voraussetzungen dafür, dass jemand anders diese Aufgabe übernehmen kann? Training, Einweisung oder Coaching eines Mitarbeiters?

➤ Warum sind Ihre Mitarbeiter so unselbstständig? Wie können Sie sie dabei unterstützen, selbstständiger, unternehmerischer, mitdenkender, mitarbeitender zu werden?

➤ Sind Sie operativ tätig? Oder setzen Sie die Rahmenbedingungen und geben die Strategien vor, damit andere danach handeln können?

➤ Machen Sie lieber alles selbst, bevor Sie es »hundertmal« erklären müssen? Wieso erklären Sie es nicht gleich so, dass Ihre Mitarbeiter es schon beim ersten Mal kapieren und dementsprechend tätig werden?

➤ Welches sind Ihre allerwichtigsten strategischen Aufgaben, Herausforderungen und Prioritäten? Wenn Sie sich nur darauf konzentrieren: Welche Tätigkeiten bleiben übrig, die Sie unbedingt delegieren sollten?

➤ Sie dürfen auch hierarchisieren: Was müssen Sie unbedingt tun, um das Unternehmen voranzubringen? Was könnten Sie außerdem tun, obwohl es nicht ganz so wichtig ist? Was sollten Sie auf keinen Fall mehr selbst machen?

➤ Wie können Sie sichergehen, dass Sie künftig möglichst wenig Zeit für Nicht-Strategisches aufwenden? Welche Vereinbarung treffen Sie mit sich selbst? Welche Kontrollinstanzen implementieren Sie? Welche Sanktionen? Welche Belohnungen?

➤ Wen könnten Sie zur Stärkung Ihrer Selbstdisziplin mit ins Boot holen? Einen Coach? Den besten Freund? Einen Kollegen? Die Sekretärin oder Ihren Assistenten?

Was ist Ihre Aufgabe?

In vielen Unternehmen ist es heute leider so: Die Manager beugen sich dem Diktat des Dringlichen – das wirklich Wichtige wird in der Zeit erledigt, die danach noch übrig bleibt, wenn überhaupt. Deshalb sagt man auch: Der Fisch stinkt vom Kopf her. Damit ist nicht gemeint, dass Manager zu wenig arbeiten, sondern dass sie sich nicht um das kümmern, was ihre eigentliche Arbeit ist: das Wesentliche.

> Der Mitarbeiter denkt übers Arbeiten nach. Der Manager denkt über die Arbeit nach. Das unterscheidet ihn vom Mitarbeiter.

An dieser Stelle hatte der Geschäftsführer sein Aha-Erlebnis: »Kaum setzt mir einer eine Aufgabe vor, stürze ich mich hinein wie der Hering in die Bratkartoffeln. Ich sollte mich zügeln. Denn: Der Mitarbeiter erledigt die Arbeit, die anfällt. Ein Manager sollte hingegen überlegen, wem er was delegieren kann und was tatsächlich Chefsache ist!«

Man benötigt Disziplin, um sich nicht täglich von der Hektik hetzen zu lassen und sich auf das Wesentliche zu konzentrieren. Das gilt nicht nur für Manager, es geht allen Menschen so. Neulich traf ich einen alten Bekannten, dem der Arzt dringend geraten hatte, sich mehr zu bewegen. Als ich ihn in einer seiner wenigen freien Stunden antraf, rechnete er gerade seine Stromabrechnung nach. Ich muss ihn wohl ziemlich verdutzt angeschaut haben, denn er kapierte sofort, was mir durch den Kopf ging, und stellte reumütig fest: »Mist, du hast ja recht (ich hatte kein Wort gesagt). Eigentlich sollte ich die Joggingschuhe schnüren.« Oder wie der Dichter sagt:

> »Was ist deine oberste Pflicht? Das ist die Aufgabe des Tages.«
>
> Johann Wolfgang von Goethe

Es geht auch eine Nummer kleiner, denken wir nur an Großvaters Rat: »Erst denken, dann handeln.« Warum fällt das so vielen Managern so verdammt schwer? Weil viele aus dem operativen Bereich kommen. Dort war es die Erfolgsstrategie schlechthin, den Aufgabenberg abzuarbeiten. Wer das noch versucht, nachdem er Führungskraft geworden ist, sollte es sich schnellstmöglich abgewöhnen. Quod licet Iovi, non licet bovi. – Was Jupiter erlaubt ist, steht dem Ochsen nicht zu. Das heißt: Was auf operativer Ebene gut ist, kann auf strategischer Gift sein.

> »Probleme kann jeder lösen. Ein kluger Mann überlegt, welche
> Probleme er lösen will.«
>
> Ernest Hemingway

Das ist strategische Intelligenz. Dass diese auch auf Vorstandsebene nicht immer im nötigen Maße vorhanden ist, demonstrierte jüngst ein Konzern. Nachdem der Alte abgetreten war, übernahm der Junior den Vorstand und gründete eine Stiftung für eine »ausbalancierte Welt« (oder so) – während seine Verkaufszahlen einbrachen. Es ist schön, die Welt zu retten, aber vielleicht kann ein Unternehmen mit guten Verkaufszahlen und sicheren Arbeitsplätzen das weitaus besser!

Wählen Sie Ihre Prioritäten weise und strategisch. Folgen Sie ihnen und ignorieren Sie die sündenhaften Versuchungen links und rechts des Weges. Was auch hilft: Revolutionieren Sie das Berichtswesen in Ihrem Unternehmen.

Wer berichtet Ihnen?

»Wie viele Leute berichten direkt an Sie?«, fragte ich den Geschäftsführer weiter.

»Es müssen so an die siebzehn, achtzehn Mitarbeiter sein – wenn ich keinen vergessen habe.«

»Wenn Sie mit jedem auch nur eine halbe Stunde reden, was bleibt dann noch von Ihrem Arbeitstag?«

»Hm, eine Stunde – zwischen neun und zehn Uhr abends.«

Bei aller Liebe zu flachen Hierarchien – auch hier ist weniger mehr. Ideal ist es meiner Meinung nach, wenn nicht mehr als zehn Mitarbeiter an Sie berichten.

Auch daran müssen Manager sich meist erst gewöhnen: Es ist nicht notwendig, dass Sie alles und jeden selbst sehen. Ein Großteil der Mitarbeiter sollte erst einmal an die »Leutnants« berichten. Ergeben sich später noch Fragen, können Sie immer noch direkt bei dem Mitarbeiter nachhaken. Der alte Fritz hat auch nicht mit jedem Kompaniefeldwebel geredet, dafür hatte er seine Leutnants. Sie trauen Ihrem Führungspersonal nicht zu, Sie zuverlässig zu informieren? Wozu haben Sie die Burschen dann noch? Bringen Sie ihnen bei, richtig zu reporten – oder suchen Sie sich bessere.

An dieser Stelle wurde der Geschäftsführer plötzlich lebhaft: »Aber wenn die Leute direkt an mich berichten, kann ich viel schneller, flexibler und direkter entscheiden, als wenn sie sich erst an einen Mittler wenden müssen. Das macht uns flexibel sowie schnell und das ist unsere Stärke als Mittelständler. Die Schnellen schlagen die Langsamen!« Erkennen Sie den Denkfehler? Ich bohrte nach, bis der Geschäftsführer selbst darauf kam. Er war ziemlich geplättet, wie Sie sich vorstellen können: »Was ich für einen Vorteil hielt, ist ein Nachteil! Für jede Entscheidung, die ich direkt und schnell treffe, muss ich vier andere Mitarbeiter auf eine Audienz bei mir warten lassen!« Nicht nur das. Nach weiteren fünf Minuten kam er auch noch hinter Folgendes: »Wirklich schnell sind wir nur dann, wenn eine Entscheidung direkt dort getroffen wird, wo sie anfällt. Die Mitarbeiter sollten nicht erst Tage verlieren, um einen Termin mit mir zu vereinbaren, sondern von sich aus entscheiden, wie sie vorgehen.«

> Empowerment ist schneller und besser, als alles selbst zu machen.

Einige Banken zum Beispiel haben das schon kapiert und umgesetzt. Wer früher einmal als Kunde einen Kreditantrag gestellt hat, kennt das noch: Er stellte zwar seinen Antrag bei seinem Bankberater, doch danach wanderte sein Formular über die interne Poststelle zu einer Prüf- und Entscheidungsinstanz und anschließend via Poststelle wieder zurück zum Berater – in dieser Zeit hätte man schon vier neue Anträge bewilligen (oder abweisen) können. Deshalb machen das moderne Banken anders: Die Kreditentscheidung trifft, wer den Kreditantrag vom Kunden entgegennimmt. Dass er das kann, dafür sorgen Richtlinien, Ratingsysteme und Rahmenbedingungen, die der strategisch denkende Chef gesetzt hat. Nota bene: Der Chef trifft nicht die operativen Entscheidungen, er legt lediglich die strategischen Rahmenbedingungen dafür fest.

> Lassen Sie Ihre Mitarbeiter eigenständig arbeiten und entscheiden – aber setzen Sie den Rahmen so, dass alles in Ihrem Sinn erledigt wird.

Der Manager als Risiko

Es wird viel darüber diskutiert, dass Manager Steuern hinterziehen und unverschämt hohe Gehälter einstreichen, dass sie Arbeitsplätze ins Ausland verlagern und den Leuten das Weihnachtsgeld streichen. Ich möchte einmal provozieren:

> Mir ist piepegal, ob manche Manager ein horrendes Gehalt einstreichen – solange sie sich um das Wesentliche kümmern.

Dann sind sie ihr Geld wert. Viel schädlicher als ein überbezahlter Manager ist einer, der E-Mails abarbeitet, Steuererklärungen korrigiert, Unternehmenspolitik macht, mit den Kumpels vom Arbeitgeberverband in Barcelonas Rotlichtdistrikt umherstreicht oder in der Ausgangskorrespondenz der Sekretärin Tippfehler nachbessert – anstatt neue Märkte aufzutun, die Supply Chain zu optimieren, den Innovationsprozess anzutreiben, die Rendite zu steigern und sich seiner Corporate Responsibility zu stellen. Schärfer formuliert:

> Ein Manager, der zum Engpass für den Unternehmenserfolg geworden ist, sollte weder ein horrendes noch ein moderates Gehalt bekommen – sondern gar keines.

Oder wie ein Vorstand es formulierte: »Wer ein Risiko fürs Unternehmen darstellt, sollte dafür nicht auch noch bezahlt werden!« Ein Dreher, Fräser oder Lagerarbeiter, der E-Mails liest, anstatt zu drehen, zu fräsen oder Ware zu lagern, bekommt nämlich auch kein Gehalt, sondern wird gekündigt. Leider habe ich oft den Eindruck, dass Manager sich unentbehrlich machen wollen und sich insgeheim fragen: Wenn meine Mitarbeiter die ganze Arbeit machen, was mache dann ich? Das zeigt, dass viele Führungskräfte nie gelernt haben, was ihre eigentliche Aufgabe ist: das Unternehmen voranzubringen.

Haben Sie Mut, die Füße hochzulegen!

Eine Fortune-500-Studie zeigt, dass die meisten Unternehmen, die Sie und ich heute kennen, in zwanzig Jahren weg vom Fenster sein werden. Jetzt wissen wir auch, warum: Wer sich durch Mailberge wühlt, bringt sich um seine Zukunft.

Der Entwicklungsleiter eines Maschinenbauers ist ein leuchtendes Vorbild dafür, dass es auch anders geht. Diese Anekdote kennt in dem betreffenden Unternehmen jeder Azubi: Eines Tages »erwischte« ihn der Vorstandsvorsitzende, wie er in seinem Büro verträumt zum Fenster hinausschaute – die unbeschuhten Füße auf dem Fenstersims, den Bürosessel zurückgekippt, in der rechten Hand ein Jojo auf- und absausend. Der Vorstand empörte sich: »Urlaub am Schreibtisch? Die Füße hochlegen? Jojo spielen? Dafür bezahle ich Sie? Mann, was machen Sie denn da?« Der Entwicklungsleiter antwortete ruhig: »Ich überlege mir, wie wir angesichts gesättigter Westmärkte und turbulenter Entwicklungen in China auch in Indien oder Russland mehr Umsatz mit unseren A-Produkten machen können, ohne Millionen in länderspezifische Entwicklungsprojekte zu stecken.« Der Vorstand schaltete schnell und rief: »Und wehe, Sie nehmen die Füße von diesem Fensterbrett, bevor Sie das Problem gelöst haben!«

> Ein Manager ist ein Macher. Ein Topmanager ist einer, der sich das Machen auch einmal verkneifen kann, um jene Ideen, Innovationen, Strategien und kühnen Pläne auszubaldowern, die sein Unternehmen den berühmten Quantensprung voranbringen – und ihn selbst unsterblich werden lassen.

Wer seine Füße nicht auch einmal still halten kann, wird es nie zum Topmanager bringen. Das ist übrigens nicht wörtlich gemeint: Ich zum Beispiel habe die besten Ideen nicht beim Füßehochlegen, sondern während ich mit meinem Hund spazieren gehe. Meinen Auftraggebern ist es schnurzegal, wo ich gute Ideen entwickele – sie bezahlen mich nach Leistung, nicht nach Anwesenheit.

> Wo kommen Ihnen die besten Ideen? Gehen Sie dorthin und lassen Sie sie kommen!

Wie oft? Viele sagen, eine Stunde am Tag. Andere nehmen sich regelmäßig einen halben Tag pro Woche Zeit dafür. Wieder andere sind am Wochenende oder unter der Dusche am kreativsten. Etliche Manager gehen schon ganz früh zur Arbeit, weil sie dann eine Stunde lang ungestört denken können, bevor das ganze »Fußvolk« wieder die übliche denkfeindliche Hektik entfaltet.

> Wenn Sie zwei Stunden die Füße hochlegen und in dieser Zeit eine Strategie entwickeln, wie Sie die Produktion ein halbes Jahr auslasten können, wer sollte Ihnen einen Vorwurf machen?

Sie haben Angst, sich vor Ihrem Vorgesetzten oder Ihren Mitarbeitern rechtfertigen zu müssen? Und erklären zu müssen, dass Sie nicht faulenzen, sondern im Gegenteil gerade das Unternehmen retten?

> Ein Manager sollte so mutig sein, auch einmal die Füße hochzulegen, sich dabei erwischen zu lassen und die Unwissenden aufzuklären.

Management braucht Mut, Steh- und Durchsetzungsvermögen. Wer meint, ohne auszukommen, begeht eine weitere Sünde. Eine der schlimmsten, die es im Management gibt. Das gilt übrigens auch für das Leben an sich: Wer es richtig machen will, muss sich gegen die ganzen Amateure durchsetzen, die keine Ahnung haben.

Best Practice

Wie es normalerweise am Arbeitsplatz zugeht, wissen wir alle nur zu gut. Lösen wir uns deshalb vom sündigen Status quo und richten unsere Blicke auf das, was wir erreichen wollen: die Best Practice.

Ich kenne einen CEO, der ist fast nie in seinem Büro, seine Sekretärin schaltet und waltet dort ganz allein. Ein Gesellschaftsreporter hat ihn einmal als »Operettenmanager« bezeichnet, weil er tatsächlich häufiger auf Opernbällen, im Theater, in Konzerten, auf dem Golfplatz und diversen Events der High Society anzutreffen ist als im Büro. Doch der Journalist hat sich damit nur lächerlich gemacht, denn jeder im Unternehmen weiß: »Wenn unser CEO tatsächlich einmal einen Tag im Büro verbringt, bedeutet das Ärger. Solange er aber mit den Reichen und Mächtigen auf Cocktailpartys herumhängt, können wir sicher sein, dass er uns die Aufträge an Land holt und den politischen Einfluss unseres Unternehmens sichert, der notwendig ist, um weiter gute Geschäfte zu machen.« Tatsächlich hat der CEO mehr Deals auf dem Golfplatz eingelocht als im Büro.

Die Braun-Parabel

Vor vielen Jahren sprach ich mit einem Designer aus dem Hause Braun, das bekanntlich Rasierer, Haushaltsgeräte und ähnliche Elektrogeräte herstellt. Er erzählte mir von dem eigenwilligen, aber beeindruckenden Designprozess des Unternehmens: »Wenn wir einen neuen Rasierer entwickeln, dann befragen wir Kunden, Händler, Ingenieure, Designer, Manager, Marketingleute und Zukunftsforscher nach dem, was der neue Rasierer alles können muss. Dann bauen wir den Prototyp und stecken alles rein, was sich die Leute wünschen. Anschließend schauen wir uns das Gerät noch einmal an und schmeißen wieder alles raus, was beim Bedienen stören könnte.« Als Gleichnis lässt sich das wunderbar auf den Manager übertragen:

> Listen Sie alles auf, was Sie machen müssten, könnten, sollten. Und dann streichen Sie all das, was Ihr Unternehmen strategisch nicht voranbringt!

Aber tut das nicht weh? Natürlich tut das weh, wenn Sie Ihrer Chefbuchhalterin sagen müssen: »Klärchen, bei aller Liebe, aber lös dieses Problem selbst! Dafür bezahle ich dich. Geh raus, denk nach, komm zurück und sag mir die Lösung!« Das tut weh. Doch stellen Sie sich die Frage:

> Was tut mehr weh? Wenn Sie Operatives strikt ablehnen oder wenn Sie Strategisches verschlafen?

Jeden Tag will uns das Dringliche unter sein Diktat zwingen, das Operative zur Sünde verführen. Wehren Sie sich dagegen! Widerstehen Sie! Machen Sie hauptsächlich das Wesentliche – den ganzen Rest lassen Sie machen.

Das Kapitel auf einen Blick: Machen Sie den Zudeck-Test!

Wenn Sie sich heute Abend die Bettdecke über die Nasenspitze ziehen, fragen Sie sich: Habe ich es heute geschafft, nicht alles (Operative) selbst zu machen, sondern nur noch 90, 80, 70 ... 30 Prozent? Und wie viel Prozent meiner Arbeitszeit nimmt jetzt das Wesentliche ein?

Nur ja nix unterschreiben!

»Der Vorstand schiebt wichtige Entscheidungen auf den Strategiestab, der orientiert sich an den Bereichsfürsten, die wiederum hören auf bestimmte Abteilungsleiter – und so weiter. Manchmal glaube ich, bei uns trifft die wichtigsten Entscheidungen der Pförtner. Gebt dem Mann ein Büro auf der Vorstandsetage!«

Wütender Werkleiter eines Maschinenbauers

Manager spielen Verstecken

Wie lange dauert es, bis Sie in Ihrem Unternehmen eine Entscheidung für eine Investition von, sagen wir, 5.000 Euro bekommen? Sie lachen? Das ist die übliche Antwort, die ich erhalte, wenn ich diese Frage stelle. Meist gefolgt von bitteren Kommentaren wie: »Diese verdammten Bürokraten!«

> Wenn Entscheidungsträger nicht entscheiden, steht der ganze Laden still!

Viele Entscheider verdienen diesen Namen nicht. Sie entscheiden nicht, sie sitzen aus. Kennen Sie solche Manager? Sicher könnten wir alle schnell mit dem Finger auf jemanden zeigen, der ein solches Verhalten an den Tag legt. Doch dabei würde uns ein unangenehmes Gefühl beschleichen: Wie stark sind wir selbst denn gefeit vor der Sünde der Risikovermeidung? Wie schnell und sicher entscheiden wir selbst? Welche privaten oder beruflichen Entscheidungen schieben wir schon seit Tagen vor uns her? Verweisen sie »zur weiteren Analyse« zurück in die Stäbe? Warum tun Sie das? Warum schieben

Sie auf, anstatt etwas zu beschließen? Die erschreckende Antwort lautet: Weil es logisch ist!

Betrachten wir zum Beispiel den Bereichsleiter eines Pharmaunternehmens. Er stellt jede anstehende größere Entscheidung erst einmal zurück. Kategorisch. Wann immer seine Mitarbeiter eine etwas abseits der Routine liegende Idee aushecken, haut er die Bremse rein: »Diesen Entschluss fällen wir nicht ad hoc, das sollten wir gründlich analysieren.« Sein Motto: »Lieber nichts entscheiden als falsch entscheiden.« Und das mit gutem Grund: Die Arzneimittelskandale der letzten Zeit haben ihm ziemlich zugesetzt. Seine Vorsicht zahlt sich aus: Er trifft tatsächlich keine Fehlentscheidungen mehr – weil er kaum noch entscheidet.

Viele Zeitgenossen finden das erstaunlich: »Manager werden fürs Aufschieben, Nichtstun und Nichtentscheiden bezahlt? Das ist verrückt!« Das ist nicht verrückt, das ist Management. Die Frage ist nur: Lohnt sich das?

Lohnt sich Risikovermeidung?

Beantworten wir die Frage anhand eines Beispiels. Der Länderchef Rumänien eines Dienstleistungskonzerns ist ein umsichtiger Mann. Er erklärte mir ganz ohne Ironie: »Meine Hauptstrategie ist: Bloß keinen Fehler machen, sonst merken die im Head Office noch, dass es mich gibt. Wenn ich mich unauffällig verhalte, wird mein Vertrag quasi automatisch verlängert.« Wenn das stimmt, lautet die einzig logische Schlussfolgerung: Manager, versteckt euch! Werdet unsichtbar! Wer Entscheidungen aussitzt, behält seinen Job. Die Frage ist: Stimmt das wirklich?

Angenommen, der besagte Manager hat die Chance, einen dicken Fisch an Land zu ziehen – einen neuen Großkunden mit beeindruckendem Auftragswert. Die ganze Sache hat nur einen Haken: keine Vorauskasse. Nimmt er den Auftrag an und der Kunde ist solvent, könnte er zur Belohnung Länderchef Osteuropa werden. Zahlt der Kunde nicht, merken die Strategen im Hauptquartier, »dass es ihn gibt« – und degradieren ihn zum Filialleiter oder schassen ihn gleich. Ergo:

> Manager wägen vor jeder Entscheidung ab. Das Risiko, keine Entscheidung zu treffen, stufen viele geringer ein als das einer Fehlentscheidung.

Wir alle machen uns zwar gern über Beamte lustig, doch: Aussitzen ist rational! Immerhin war das die Hauptstrategie eines ehemaligen deutschen Kanzlers, den seine Mitarbeiter nicht nur wegen seiner Leibesfülle Buddha nannten: Er saß Entscheidungen oft, gern und mit kindlicher Begeisterung aus. Dazu lächelte er buddhahaft. Wenn dieser (in den eigenen Augen) historische Kanzler damit Erfolg hatte, warum empfehle ich dann nicht: Manager aller Welt, zögert eure Entscheidungen endlos hinaus!? Weil der Kanzler abgewählt wurde, was er »seinem« Volk bis heute nicht verziehen hat. Leider gilt für Manager, was auch für Buddhas und Kanzler gilt:

> Up or out! Wer Entscheidungen aussitzt, kann sich zwar eine Zeit lang halten, doch wer sich in ein- und derselben Position zu lange hält, wird irgendwann ausgewechselt.

Er wird ersetzt, weil er seinen Bereich nicht entscheidend vorangebracht hat oder weil Newcomer nachdrängen, die mehr wirbeln, es besser machen, weniger Schiss vor Entscheidungen haben. Wer nicht auffällt, fällt nämlich auch nicht positiv auf. Deshalb:

> Aussitzen funktioniert nur kurzfristig. Langfristig ist Risikovermeidung eine Eigentorstrategie.

Das wussten Sie schon? Andererseits finden Sie Fehlentscheidungen noch weniger amüsant? Hört sich nach einem Dilemma an. Wie kommen Sie da raus?

Die goldene Mitte

Die Entscheidung hintanzustellen ist nicht gut, falsche Entschlüsse sind es aber auch nicht. Wenn links Scylla und rechts Charybdis lauern, liegt der rechte Weg wie zu Odysseus' Zeiten dazwischen:

> Wählen Sie die goldene Mitte: das kalkulierte Risiko!

Oder zeitgenössisch formuliert: No risk, no fun! Als ich das dem Länderchef klargemacht hatte, schaute er versonnen an die Bürodecke und begann tatsächlich, das Risiko abzuwägen: »Es ist ein Wagnis, sich auf diesen neuen Großkunden einzulassen: Zahlt er oder zahlt er nicht? Doch wenn ich erneut mit ihm verhandle, kann ich vielleicht die Hälfte meiner gewünschten Vorauskasse herausholen. Dann brauche ich nur drei oder vier unserer B-Kunden auszubauen, um den Worst Case zumindest ausgleichen zu können, damit denen im Headquarter nichts auffällt.« Solche Überlegungen zeichnen einen guten Manager aus. Oder anders formuliert:

> Risikomanagement heißt, Risiken zu erfassen, zu bewerten und auf dieser Basis weitgehend sichere Entscheidungen zu treffen.

Das erfordert keinen MBA, sondern lediglich etwas gesunden Menschenverstand – und eine kleine Checkliste.

Checkliste: Risikomanagement

Fragen Sie sich vor (wichtigen) Entscheidungen:

➤ Habe ich für eine solide Entscheidung alle nötigen und mit vertretbarem Aufwand erreichbaren Informationen zusammengetragen? Welche fehlen mir noch?

➤ Oder laufe ich Gefahr, allein aus dem Bauch heraus zu entscheiden?

➤ Das andere Extrem: Versuche ich mit 90 Prozent Aufwand an jene 10 Prozent Zusatzinformationen heranzukommen, die kaum Erkenntnisgewinn bieten?

➤ Wie verhalte ich mich, wenn relevante Informationen noch fehlen? Kann ich Igor Ansoffs »Theorie der schwachen Signale« zufolge auch in kleinen konsekutiven Schritten vorgehen?

➤ Habe ich insbesondere die Informationen über mögliche und wahrscheinliche Risiken beisammen? Wie hoch ist die Wahrscheinlichkeit, dass diese eintreten? Welche Schäden sind dann zu erwarten?

➤ Habe ich alles getan, um die Risiken zu minimieren? Oder zumindest Vorsorge getroffen und Alternativpläne entwickelt?

➤ Wie sieht der Worst Case ganz konkret aus? Und wie kann ich ihn verhindern beziehungsweise kompensieren?

➤ Habe ich genau und realistisch (!) kalkuliert, was mich die Entscheidung kostet? Was bringt sie mir, wenn ich Zweckoptimismus außen vor lasse?

➤ Was ist die Alternative, wenn ich mich dagegen entscheide? Welcher Gewinn entgeht mir dann?

Wenn Sie diese Checkliste abarbeiten, sollte eigentlich nur noch ein kleines Restrisiko übrig bleiben. Für dieses gilt:

> Gehen Sie das kalkulierte Restrisiko ein! Für diese Risikobereit-
> schaft werden Sie als Manager bezahlt.

Und dennoch: Obwohl die Checkliste selbst für Manager ohne BWL-Studium leicht zu handhaben ist, fallen viele damit auf die Nase.

Zu Tode analysiert

Wenn ich zu Managern »Risiko beherrschen!« sage, dann verstehen viele »Zu Tode analysieren!«. Nehmen wir zum Beispiel den Marketingleiter eines Mittelständlers: Als sein Geschäftsführer ihn nach der Einführungsstrategie für ein neues Produkt fragte, erwiderte er: »Das kann ich noch nicht sagen, die Ergebnisse der Marktforschung liegen noch nicht vor.« Der Geschäftsführer wandte daraufhin ein, dass diese schon seit Monaten bekannt seien. »Ja, schon«, sagte der Marketingleiter, »aber die Studie war nicht aussagekräftig genug. Wir haben noch eine zweite zur Verifizierung der ersten in Auftrag gegeben.« Was halten Sie davon?

Natürlich war dem Marketingleiter anzumerken, dass er sich vor einer Fehlentscheidung schützen wollte. Sein Verhalten beschreibt man im Mutterland der Sünde (kleiner Scherz) mit den Worten: »Paralysis through Analysis«. Zu Deutsch: Man kann sich hinsichtlich einer Entscheidung auch zu Tode analysieren. Die Strategen bei Microsoft erörterten beispielsweise so lange die Frage, ob sie nun ins Internetgeschäft einsteigen sollten oder nicht, bis Google und Yahoo an ihnen vorbeigezogen waren.

»Aber wie kann ich mir denn sonst sicher sein? Ist eine gründliche Abwägung nicht das A und O?«, fragen mich Manager oft. Nicht, wenn Sie sich zu Tode analysieren:

> Sie können jahrelang Pro- und Kontra-Argumente zusammentragen – ab einem bestimmten Punkt wird die Basis für Ihre Entscheidung nicht mehr kompletter, sondern nur noch komplexer.

Natürlich brauchen Sie eine gründliche (aber nicht langwierige) Analyse. Das gibt Sicherheit. Doch wenn Ihnen das immer noch nicht sicher genug ist, brauchen Sie nicht mehr desselben, sondern etwas anderes: Feedback.

> Sind Sie an einem bestimmten Punkt Ihrer Entscheidungsfindung angelangt, gibt Ihnen Feedback mehr Sicherheit als die gründlichste Analyse.

Wenn ich vor einer schweren Entscheidung stehe, gehe ich irgendwann raus aus meinem stillen Analysekämmerlein und hole mir Feedback: von meiner Frau, von Kollegen und Kolleginnen, guten Kunden, Experten, Branchenfremden, Gott, der Welt und dem Mann am Kiosk um die Ecke. Auch wenn diese Menschen die Entscheidung gar nicht ermessen können – sie sehen dennoch regelmäßig Aspekte, die ich vielleicht übersehen oder falsch bewertet habe. Aber vor allem: Ich kann mich so selbst reden hören. Indem ich andere von meiner Ansicht zu überzeugen versuche, merke ich am besten, welche meiner Argumente etwas schwach sind, wo ich der Versuchung des Größenwahns zu erliegen drohe, welches Argument ich bislang unter Wert verkauft habe und an welcher Stelle ich die Entscheidung nicht wirklich bis in die letzte Konsequenz durchdacht habe.

Dieser Tipp hört sich ganz vernünftig an? Weshalb schlagen viele Manager ihn aus? Sie spielen Gott. Bringt das etwas?

Gott spielen bringt nichts!

Menschen brauchen Menschen, um vernünftig zu entscheiden.

Ich kenne keinen Manager, der das bestreiten würde. Trotzdem spielen viele gern Gott, verzichten auf Feedback und treffen das, was ihre Kollegen, Vorgesetzten und Mitarbeiter dann »einsame Entscheidung« nennen. Warum? Weil sie glauben, dass andere es für ein Zeichen von Schwäche und Unsicherheit halten oder versuchen, ihnen reinzureden, wenn sie über ihren Entschluss sprechen. Das ist Quatsch! Aus einem ganz einfachen Grund:

Auch wenn Sie hundert Leute anhören – diese können reden, was sie wollen, letztendlich entscheiden Sie allein!

Es ist gerade umgekehrt: Wenn Sie andere Menschen um deren Meinung (nicht um deren Rat!) zu einer anstehenden Entscheidung bitten, dann fassen diese das nicht als Schwäche Ihrerseits, sondern vielmehr als Souveränität auf, die heutzutage nur wenige Manager besitzen. Nur entscheidungsstarke Spitzenmanager treten so selbstsicher auf. Klar ist auch, dass Sie andere nicht auf diese Weise ansprechen: »Oh Gott, ich armes Schwein bin total konfus und weiß nicht, wie ich entscheiden soll! Bitte rette mich und nimm mir die Entscheidung ab!« Sondern so: »Wir könnten das neue Produkt über den Preis oder über seine Exklusivität einführen – aus welchem Grund würden Sie es kaufen?« Da fühlen sich die Leute ernst genommen, mit einbezogen und erzählen: »Stell dir vor! Der Oberboss hat mich heute nach meiner Meinung gefragt!«

Die meisten Manager können es sich in einigen Wochen harten Trainings selbst angewöhnen, hin und wieder andere zu fragen, bevor sie entscheiden. Einige wenige erzählen mir jedoch: »Ach was, Feedback brauche ich nicht. Die Fakten sprechen doch für sich!« Vielleicht ahnen Sie es: Auch dabei handelt es sich um ein pathologisches Entscheidungsverhalten, vor dem ich Sie bewahren möchte.

Misstrauen Sie harten Fakten!

Natürlich benötigen Sie für jede Entscheidung Hard Facts. Sie müssen wissen: Rechnet sich das? Sind die Ressourcen vorhanden? Ist das technisch und personell machbar? Nur, das Blöde daran ist:

> Ich habe noch nie eine Planrechnung gesehen, die negativ war.

Kein Mensch kommt zu Ihnen und sagt: »Lassen Sie uns unbedingt Produkt X auf den Markt bringen. Wir machen damit garantiert Verlust!« Nein, wenn eine Entscheidung ansteht, sind die sogenannten harten Fakten meist (viel zu) positiv und sprechen anscheinend immer für die Sache.

> Hard Facts allein führen oft zu einer Fehlentscheidung.

Was schützt Sie davor? Wieder das Feedback-Prinzip:

> Reden Sie mit anderen. Aber nicht nur mit Leuten aus Ihrem direkten Dunstkreis.

Ihre direkten Kollegen und Mitarbeiter sind natürlich voreingenommen, das will heißen: Sie stützen tendenziell eher Ihre Planrechnung – egal, wie betriebsblind diese auch erstellt sein mag. Ich rede deshalb gern mit Nicht-Betriebsblinden, mit Leuten von außerhalb unseres Unternehmens, mit Kunden, Branchenexperten, manchmal sogar mit Mitbewerbern oder ausgewiesenen Kritikern. Wenn die harten Fakten tatsächlich Schwachstellen haben oder in die Irre führen, dann komme ich auf diese Weise am ehesten darauf.

Dieses Feedback führt nicht unbedingt dazu, dass ich meine Planrechnung komplett über den Haufen werfe. Doch ich bekomme ein sicheres Gefühl dafür, an welcher Stelle weitere Fragen angebracht sind und welche zusätzlichen Risikomaßnahmen ich in die Wege leiten muss.

> **Machen Sie sich nicht zum Sklaven Ihrer Hard Facts!**

Wenn alle Fakten dafür sprechen und nur Ihr Bauch grummelt, dann dürfen, sollten, ja, müssen Sie sich als gestandener Manager auch herausnehmen zu sagen: »Danke für die fundierte Datenbeschaffung. Ich setze mich mit meiner Entscheidung über diese Faktenlage hinweg, weil ich der aus Erfahrung gewonnenen Überzeugung bin, dass das trotz vielversprechender Datenlage schiefgehen wird.« Das sehen die Mitarbeiter und Kollegen meist ein. Mosert trotzdem einer, können Sie immer noch sagen: »Ich unterschreibe sofort, wenn Sie mir eine vernünftige Risikoabsicherung vorlegen!«

Denken Sie daran: Auch ein klares Nein ist eine Entscheidung und Sie brauchen sich nicht dafür zu entschuldigen. Entscheiden erfordert Stärke. Seien Sie hin und wieder stark genug, Nein zu sagen. Dazu müssen Sie sich im ersten Moment vielleicht überwinden, doch danach fühlen Sie sich viel besser als nach einem bangen Ja, dessen negative Konsequenzen Sie wochenlang fürchten müssen.

Die Kollektivsünde

Vor einigen Jahren war ich in einem Unternehmen für ein großes IT-Projekt verantwortlich. Wir planten die Migration von einem nationalen zu einem internationalen IT-System. Ich fühlte mich ziemlich entscheidungssicher: Unsere Geschäftsleitung hatte einige der renommiertesten externen IT-Consultants zur Verstärkung unseres Teams beordert.

Diese analysierten die Gegebenheiten, zeigten uns mehrere Lösungsmöglichkeiten auf, gaben uns Hunderte von erfahrungsträchtigen Empfehlungen, aber als die Zeit gekommen war, sich für eine von vier möglichen Systemvarianten zu entscheiden, brachte es keiner der hoch bezahlten und renommierten Spezialisten zustande, »A«, »B«, »C« oder »D« zu sagen. Wir konnten sie noch so lange kitzeln, ärgern, verführen – sie sagten keinen Pieps. Für mich war das das Dante'sche Inferno: Ich wollte etwas bewegen, konnte aber nicht, weil diese Glashausarchitekten mit keiner klaren Empfehlung herausrückten!

Ich kenne zahlreiche Manager, die monatelang in so einer Hölle schmoren: Sie tagen, sitzen und meeten – doch so lange sich das Kollegium auch im Kreis dreht, es kommt zu keinem Ergebnis. Warum?

> **Es ist eine Managementsünde, sich auf das Kollektiv zu verlassen. Entscheidungen trifft immer nur einer!**

Der Unterschied zur Diktatur ist: Der einsame Entscheider beteiligt im Vorfeld alle, die irgendwie involviert sind, und fordert ihnen ihre Expertise und Meinung ab. So verfuhr ich auch. Doch als alle Beteiligung zu keiner Entscheidung führte, schlug ich auf den Tisch und sagte: »Wir nehmen C!« Empörung rundum ob meiner Imperator-Attitüde? Im Gegenteil: Alle atmeten derart erleichtert auf, dass es der Protokollantin die blonden Strähnen aus der Stirn wehte. Jeder dachte: »Endlich hat der Entscheider entschieden! Dafür bezahlen wir ihn schließlich! Wie lange wollte der Schuster denn noch warten?« Natürlich fühlte ich mich in diesem Moment so einsam wie ein Eisbär in der Gobi. Doch:

Entscheiden ist einsam! Ein guter Manager hält das aus.

Seien wir ehrlich: Gremien werden auch deshalb so oft und gern gebildet, damit nachher kein Einzelner schuld ist, wenn ein Beschluss sich als falsch herausstellt. Für Menschen, die ein Managergehalt beziehen, ist das ziemlich feige.

Genießen Sie die Einsamkeit!

Ich kenne einen sehr entscheidungsstarken Topmanager, der nimmt diese Einsamkeit nicht nur in Kauf, er besteht sogar darauf. Manager haben die Tendenz, immer den Konsens zu suchen, damit sie im Fall einer Fehlentscheidung sagen können: »Bitte, ihr wart ja auch alle dafür!« Dieser Manager hat das nicht nötig. Oft schließt er sich der Meinung seiner Gremien an. Genauso häufig aber zieht er eine einsame Entscheidung vor, indem er sagt: »Sie sind alle gegen diesen Vorschlag und ich danke Ihnen für Ihre ehrliche Meinung. Wir reden allerdings über eine strategische Geschäftsführerentscheidung: Ich entscheide. Und ich entscheide mich dafür.« Gegen die Mehrheit.

Normalerweise meutert keiner. Denn jeder ist froh, dass einer den Mumm hat, seine Unterschrift unter die Entscheidung zu setzen. Der Erfolg gibt dem mutigen Geschäftsführer (meist) recht. Was nicht verwundert: Er ist kein Spieler, er geht immer nur das kalkulierbare Risiko ein. Das ist Mut.

Nicht den Klugen, den Mutigen gehört die Welt.

Den Mutigen gehört die Welt

Manchmal erschreckt mich das Ausmaß der Angst im Management.
Wenn ich ängstliche Manager coache, stellt sich heraus, dass die meisten noch nicht einmal wissen, wovor sie Angst haben. Ja, klar, vor einer Fehlentscheidung. Menschen sind schon an Typhus und Pest gestorben, aber nicht, weil sie falsch entschieden haben. Was ist daran so schrecklich? Droht ein Karriereknick oder gar der Jobverlust?

> Wer denkt: Fehlentscheidung = Jobverlust, kann beruhigt schlafen.
> Diese Gleichung geht nicht auf.

Ich kenne keinen einzigen Manager, egal, welcher Hierarchieebene, der wegen einer einzigen Fehlentscheidung flog. Wenn, dann war es nicht die erste und einzige, sondern nur die letzte in einer langen Reihe. Außerdem langt jeder Manager mal ins Klo! Anschließend wächst Gras über die Sache, man fällt ein paar gute Entscheidungen – und kann sich wieder einen Fehlgriff leisten. Ergo:

> Weniger Angst und mehr Mut sind gut für Ihre Entscheidungen
> und für Sie selbst.

Das Risiko des Risikovermeidens ist hingegen viel größer. Jeder Ihrer Bosse hat selbst schon einmal danebengelegen, das ist verzeihlich. Rumsitzen und sich vor Entscheidungen drücken ist es nicht, so lassen sich keine Erfolge vorweisen.

Vertrauen ist riskant

Was ist das größte Risiko bei Entscheidungen? Die eigenen Mitarbeiter! Denn sie treffen die notwendige Vorbereitung und beschaffen die relevanten Informationen. Ich erinnere mich noch, wie ich gutmütig jede kleinere Investitionsentscheidung eines Untergebenen absegnete, weil wir uns geeinigt hatten, dass trotz Sparzwang das Nötigste weiter investiert werden musste. Dann fand ich heraus, dass seine und meine Vorstellung von dem, was nötig war, doch erschreckend weit auseinanderlagen:

> Vertrauen ist gut. Doch für Entscheidungen müssen Sie wissen, wessen Urteil Sie wirklich vertrauen können.

Sorgen Sie dafür, dass Ihre Mitarbeiter dieselben Maßstäbe wie Sie selbst anlegen, um sich ein Urteil zu bilden. Erst dann können Sie ihnen vertrauen.

Entscheiden unter Druck

Es liegt auf der Hand, dass die schlimmsten Entscheidungssünden unter Zeit-, Kosten- oder Leistungsdruck begangen werden. Da steht Ihnen der Schweiß auf der Stirn und Sie können nicht sagen: »Setzen wir uns zusammen und beleuchten in aller Ruhe die Datenlage!«

> Bei Entscheidungen, die binnen Sekunden getroffen werden müssen, hilft nur eines: Treffen Sie jene aus dem Bauch heraus!

Das bestätigt auch die moderne Hirnforschung. Instinktive Entscheidungen schlagen intellektuelle – falls sie in Sekundenschnelle getroffen werden müssen. Malcolm Gladwell hat in *Blink!* allein über dieses Thema geschrieben – und einen Weltbestseller gelandet. Wenn wir unter extremem Zeitdruck stehen, sind unsere Intuition und eine schnelle Bauchentscheidung unschlagbar. Haben Sie etwas mehr Zeit, ist das schon wieder anders:

> Bei Entscheidungen, die binnen Minuten getroffen werden müssen, helfen zwei Dinge: Fragen Sie kurz alle, die erreichbar sind – und entscheiden Sie dann aus dem Bauch heraus.

Ein trotz seiner Nützlichkeit selten eingesetztes Hilfskriterium ist die simple Frage:

> Würden Sie auch Ihr eigenes Geld auf diese Entscheidung setzen?

Doch Vorsicht! Sobald der Zeitdruck nicht allzu groß ist und Ihnen zumindest ein paar Stunden zur Verfügung stehen, können Bauchentscheidungen schon total danebenliegen. Wenn Sie die Zeit haben, sollten Sie das übliche Programm wie oben beschrieben durchziehen: fundierte, aber kompakte Analyse, schnelle Feedback-Runde, kurze Optimierung des Risikos, Entscheidung. Nur wenn die Lage anschließend noch immer unklar ist, ziehen Sie wieder Ihr Bauchgefühl zurate.

Die richtige Reihenfolge

Angenommen, Sie müssten heute zehn Entscheidungen treffen: Mit welcher würden Sie beginnen? Mit der angenehmsten oder kleinsten? Danke für Ihre Ehrlichkeit. Natürlich machen wir das alle! Vielleicht nicht immer, aber viel zu häufig. Wir zögern die unangenehmste Entscheidung tendenziell am längsten hinaus.

> Entscheidungen in der falschen Reihenfolge zu treffen, das ist ebenfalls eine große Sünde, die Manager gern begehen.

Das Stichwort lautet: Prioritäten setzen! Schauen Sie sich alle anstehenden Entscheidungen an, priorisieren Sie – und dann haken Sie von eins bis ultimo ab. Oder wie wäre es, wenn Sie das übliche Prozedere auf den Kopf stellen und heute mit der unangenehmsten anfangen? Ja, das kostet Mut. Aber hatten wir uns nicht darauf geeinigt, dass den Mutigen die Welt gehört?

Just do it!

Regen Sie Endlosdiskussionen auch auf? Eine Bankmanagerin brachte es auf den Punkt: »Ich würde jetzt lieber eine krasse Fehlentscheidung treffen, als mir dieses Rumeiern noch länger anzutun!«

> Sie müssen mit der Entscheidung nicht warten, bis »alles klar« ist. Diesen Punkt erreichen Sie bei komplexen Entscheidungen nämlich nie – deshalb heißen diese ja auch so.

Sagen Sie lieber: »In den nächsten fünf Minuten werden wir entweder den Beschluss fassen, es zu machen – und dann machen wir es auch. Oder wir werden entscheiden, dass wir es nicht machen – und dann vergessen wir das Ganze, ohne noch ein Wort darüber zu verlieren!« Besser ein Ende mit Schrecken als ein Schrecken ohne Ende. Denn die Opportunitätskosten von Endlosdiskussionen sind hoch: Wer endlos diskutiert, blockiert sich, nur um am Ende bewiesen zu haben, dass er wirklich alles versucht hat.

Welche ist die beste Entscheidungsstrategie?

Ein interkultureller Vergleich hilft, darauf eine Antwort zu finden:

➤ Die Deutschen definieren ein Ziel. Sie analysieren, planen ohne Ende und halten sich dann sklavisch an diesen Plan, egal, wie sehr die Welt sich zwischenzeitlich verändert hat.

> Die Amerikaner hingegen definieren ein Ziel, legen los, ohne viel zu planen, laufen in die Irre und redefinieren auf dem Weg einfach das ursprüngliche Ziel, bis es »passt«.

Wer hat recht? Wer hat die bessere Entscheidungsstrategie? Keiner. Die Zielerreichung dauert in beiden Fällen gleich lang. Während die braven Deutschen noch heftig planen und dabei mächtig Zeit verlieren, realisieren die wackeren Amerikaner bereits – verlaufen sich und verlieren ebenso viel Zeit. Auf die Frage, welcher Entscheidungsprozess der bessere ist, haben weder Wissenschaft noch Praxis eine Antwort. Der springende Punkt ist:

> Wer seine Entscheidungsstrategie als solche erkennt, kommt auch hinter die Vor- und Nachteile – und kann diese ausgleichen. Es geht nicht darum, nach Schema X zu entscheiden, weil »wir das immer schon so gemacht haben«.

Ich höre viele deutsche Topentscheider sagen: »Leute, verkürzen wir die Planungsphase so weit wie möglich und legen schon mal los – bevor die anderen uns überholen. Wir fahren eine Parallelstrategie: Planen und Realisieren.« Während einige aufgeweckte Amerikaner anweisen: »Stopp! Nicht gleich losrennen, erst noch ein wenig planen. Sonst lachen uns die Japaner und Deutschen wieder aus, wenn wir in der Pampa landen.«

Best Practice

Der beste Tipp, den ich Ihnen für Ihre Entscheidungsfindung mit auf den Weg geben kann, ist folgender:

> Um »gute« Entscheidungen zu treffen, braucht jeder Manager einen Sparringspartner.

Ein Ex-Vorsitzender des Deutschen Bundesverfassungsgerichts diskutierte beispielsweise jede seiner Entscheidungen vorher mit seiner Gattin, ebenfalls eine langjährig praktizierende Richterin. Er schätzte ihr Urteilsvermögen, doch noch viel mehr wusste er die offene und wertschätzende Atmosphäre zu würdigen, in der er frei von der Leber weg reden und brainstormen sowie alle Für- und Wider-Argumente testen konnte. Solch eine Atmosphäre trägt ungemein zu einer guten und richtigen Entscheidungsfindung bei – auch wenn das Managementgurus und Wissenschaftler meiner unmaßgeblichen Meinung nach bislang noch zu wenig erkannt haben. Es ist wichtig, auf das Urteil eines absolut vertrauenswürdigen Menschen zu hören, der Verstand genug hat, ab und an zu sagen: »Jetzt verrennst du dich aber wieder, mein Lieber.« Oder: »Hör auf herumzuräsonieren, du hast die Lösung doch schon! Vor wem willst du dich entschuldigen?«

Aus Erfahrung kann ich sagen: Jeder findet einen Sparringspartner. Man muss ihn nur suchen. Meist wird man sogar direkt vor der eigenen Nase fündig. Finden Sie ihn, pflegen Sie ihn, seien Sie gut zu ihm, laden Sie ihn hin und wieder auf ein Pils oder ein Glas Wein ein. Manchmal kann auch ein professioneller Coach ein super Partner sein. Mit einem Sparringspartner ist es genauso wie beim Boxen: Man trifft danach viel besser.

Das Kapitel auf einen Blick: Machen Sie den Dusch-Test!

Wenn Sie sich morgen früh unter die Dusche stellen, fragen Sie sich: Was will ich heute entscheiden? Habe ich alle Daten dafür beisammen? Habe ich das Risiko im Griff? Wie nehme ich meinen ganzen Mut zusammen?

Demotivieren Sie Ihre Mitarbeiter!

»Ich weiß nicht, ob man Mitarbeiter motivieren kann. Viel wäre schon gewonnen, wenn meine Führungskräfte aufhören würden, sie zu demotivieren.«

Inhaber eines mittelständischen Unternehmens

Der Chef nervt

Wann hat Ihr Chef Sie zum letzten Mal genervt? Ja, natürlich kommen wir alle gut mit unseren Vorgesetzten aus, ist doch logisch! Aber davon abgesehen: Wann ging er Ihnen das letzte Mal auf die Nerven?

Eigentlich unverschämt, nicht? In jedem Managervertrag steht doch, dass der Manager seine Mitarbeiter gefälligst zu motivieren habe. Warum tut er das nicht? Warum geht er Ihnen stattdessen mit unschöner Regelmäßigkeit auf den Wecker? Hat er etwas gegen Sie? Macht Ihr Vorgesetzter das etwa absichtlich? Ich kann Entwarnung geben:

> Kein Manager demotiviert seine Mitarbeiter mit Absicht. Viel schlimmer: Er macht es meist, ohne sich dessen bewusst zu sein!

Auch meine Vorgesetzten haben mich in der Vergangenheit hin und wieder mächtig genervt. Kein Vorwurf! Ich trage keinem etwas nach. Trotzdem: Mich hat es ziemlich irritiert, dass manche mich nicht motivieren konnten, obwohl es doch eigentlich ihre Pflicht gewesen wäre. Stattdessen haben mich unbedachte Bemerkungen, Ungerechtigkeiten, Schnellschüsse, einsame Entscheidungen, Inkonsequenz, Intransparenz, Selbstherrlichkeit, Fachunkenntnis oder Versäumnisse in der Kommunikation von Zeit zu Zeit kräftig demotiviert.

Ich konnte mir auch nicht vorstellen, dass meine Chefs es nicht bemerkten, wenn sie einem Mitarbeiter einen Faustschlag in die Magengrube versetzt hatten. Ich nahm an, dass es doch ein unangenehmes Gefühl sei, zu wissen, dass jetzt jemand gehörig sauer auf einen ist und deshalb die nächsten Tage nur mit angezogener Handbremse arbeitet. Schon früh wusste ich: So will ich nicht führen! Ich möchte nicht, dass meine Mitarbeiter mich hinter meinem Rücken »Spaßbremse« nennen oder dass sie mich für ein »arrogantes A…« halten (Lieblingsbezeichnung demotivierter Mitarbeiter für ihre demotivierenden Chefs). Ich wünsche mir, dass sie mich respektieren. Das schaffe ich aber nicht, indem ich sie – ungewollt, unabsichtlich oder unbewusst – demotiviere. Und trotzdem tue ich es auch heute noch gelegentlich. Wie jede gute Führungskraft. Wie schaffe ich das bloß?

Mein Sündenfall

Meine jüngere Tochter Tina studiert BWL und arbeitet nebenbei in unserem Unternehmen mit. Hin und wieder kommt sie in mein Büro und fragt mich etwas. Da ich an mich als Vorgesetzten auch den Anspruch habe, ein guter Personalentwickler zu sein, drängte ich sie jüngst, mich nicht nach einer Lösung zu fragen, sondern von sich aus zwei, drei Optionen auszuarbeiten. Schließlich möchte ich, dass das Mädel lernt, selbstständig zu denken. Wenn sie später eine Führungsposition anstrebt, braucht sie das nötiger als einen Schrank voller Businesskostüme. Und? Dankte sie mir meine väterliche Fürsorge?

Aber nicht die Bohne. Sie beschwerte sich: »Du bist eine richtige Nervensäge. Wenn ich die Antwort schon wüsste, würde ich doch nicht fragen! Manchmal könntest du die Ratespiele weglassen und einfach nur sagen, was Sache ist.« Ist das etwa Dankbarkeit? Nein, das ist Feedback, das sich nicht mit Gold aufwiegen lässt. Schade nur, dass nicht alle Mitarbeiter so ehrlich Rückmeldung geben, wenn sie ein Vorgesetzter demotiviert. Wie habe ich es geschafft, meine Tochter und Mitarbeiterin derart auf die Palme zu bringen? Wo ich es doch nur gut mit ihr meinte und meine Forderung absolut berechtigt und sogar nötig war? Vielleicht ahnen Sie es schon:

> Wer den Fokus auf die Sachaufgabe legt, demotiviert bereits.

Das ist natürlich hart. Denn es ist doch unser Job, Sachaufgaben zu stellen, oder? Richtig. Leider zeigt die Realität immer wieder, wie gut das funktioniert: nämlich gar nicht! Es ist zwar Aufgabe unserer Mitarbeiter, sich um »die Sache« zu kümmern, doch wenn wir unseren Fokus nur darauf richten und darüber die Menschen vergessen, dann fangen sie an zu rebellieren.

> Fragen Sie sich regelmäßig: Bin ich zu sachorientiert? Demotiviere ich so meine Mitarbeiter?

Oder nach Ikea-Art: »Bist du noch sachlich oder motivierst du schon?« Ich hatte nur eines im Sinn, als ich meiner Tochter Tina eigene Vorschläge abverlangte: »Das Mädel muss selbstständig denken lernen, sonst geht sie im Business schneller unter als die Titanic!« Das war die Sachaufgabe. Wie diese bei Tina ankam, daran verschwendete ich keinen Gedanken. Genau das ist Demotivation. Motivation hingegen bedeutet: Die Aufgabe so anzubieten, dass sie der andere auch annehmen kann.

> »Man sollte dem anderen die Wahrheit nicht wie einen nassen Lappen an den Kopf klatschen, sondern sie ihm wie einen Mantel hinhalten, damit er hineinschlüpfen kann.«
>
> Friedrich Dürrenmatt

Zum Beispiel so: »Schau mal, Tina, ich weiß die Antwort auf deine Frage. Aber wenn ich sie dir vorsage, ist es wie in der Schule: eingesagt – nichts gelernt. Mir wäre es lieber, wenn du selbst einen Vorschlag ausarbeiten könntest. Denn das Wichtigste im Business überhaupt ist, die Dinge selbst lösen zu können.«

> Nackte Sachinformationen sind demotivierend.

Das wissen viele Manager nicht. Andere wollen es nicht glauben: »Aber die Fakten sprechen doch für sich!«, empören sich vor allem Ingenieure, Naturwissenschaftler und Controller. Ja, sie sprechen für sich, nur leider nicht für den Menschen. Die Fakten sprechen für sich – sprechen Sie für den Mitarbeiter! Das ist mit Führung gemeint. Wenn es allein um die Sachaufgaben ginge, bräuchten wir nur Ingenieure und keine Führungskräfte (nichts gegen Ingenieure). Haben Sie sich vielleicht auch im Verdacht, zu sachorientiert zu führen? Wie hört sich dann folgende Aussage für Sie an? Stimmen Sie zu?

> »Ich arbeite am liebsten mit Vorgesetzten zusammen, die mich wie eine Sache behandeln.«

Selbst Vorgesetzte, die überwiegend nach dem Motto »Fakten, Fakten, Fakten!« führen (übrigens ein menschenverachtender Spruch), können dem wohl kaum zustimmen. Sie selbst möchten schließlich ebenfalls nicht, dass ihr Chef mit ihnen umspringt, wie sie es mit ihren Mitarbeitern tun. Mit dieser Einsicht, so schmerzhaft sie ist, ist schon die Hälfte gewonnen.

Die andere Hälfte ist, es nicht bei der Erkenntnis zu belassen, sondern das eigene Führungsverhalten zu verändern. Für die meisten Kopfmenschen ist die kalte Kernspaltung leichter. Deshalb ein leichtes Warm-up:

Kleines Training

Bitte formulieren Sie – im Kopf oder mit dem Stift – folgende Sachaussagen so um, dass Sie neben der Sache auch die Person ansprechen:

1. »Herr Müller, bitte machen Sie heute noch Auftrag 298 fertig.«

_____

2. »Frau Meier, Sie haben erneut Ihr Monatsziel verfehlt.«

_____

3. »Warum dauert die Nachkalkulation wieder so lange?«

_____

Warum sind diese drei Aussagen (ungewollt!) demotivierend? Die erste ist absolut sachlich, sogar höflich! Trotzdem motivieren reine Anweisungen nicht – das gilt sogar für die Armee, bei der es (angeblich) nur Anweisungen gibt. Wer sich nur als Befehlsempfänger fühlt, reagiert mit Kadavergehorsam, nicht mit Motivation. Aussage zwei ist ein klarer Vorwurf, ohne jedes Unterstützungsangebot. Jeder hätte bei einer solchen Maßregelung das Gefühl, vom Vorgesetzten im Regen stehen gelassen zu werden. Man kann Kritik natürlich auf diese Art und Weise üben, man sollte nur nicht erwarten, dass der Mitarbeiter daraufhin motiviert ist. Und Aussage drei hört sich nach einem Dreijährigen an: »Papa, wann sind wir endlich da?« Wie jeder Vater weiß: Das motiviert ebenfalls nicht.

Wie würden Sie die drei Sachaussagen umformulieren? Es gibt übrigens nicht die richtige Antwort. Es gibt Dutzende. Richtig sind die, die auf die wahrgenommene oder vermutete Befindlichkeit des Ansprechpartners eingehen, zum Beispiel:

1. »Herr Müller, ich weiß, dass Sie gerade mächtig viel um die Ohren haben, aber ich brauche den Auftrag 298 bis spätestens 17 Uhr. Bitte tun Sie mir den Gefallen.«

2. »Frau Meier, Sie haben den dritten Monat in Folge Ihr Monatsziel verfehlt. Welches Coaching oder welche Unterstützung wünschen Sie sich, damit Sie es nächsten Monat schaffen?«

3. »Ich benötige die Nachkalkulation so schnell wie irgend möglich. Was können Sie für mich tun? Ja? Ginge es auch noch ein wenig schneller? Gut, danke, das hilft mir weiter.«

Wenn Sie das Prinzip, das hinter diesen Musterantworten steckt, als »ausgesuchte Höflichkeit« oder schlicht »Einfühlungsvermögen« identifizieren, dann widerspreche ich Ihnen nicht. Ein Coachee und Vorstand aus der IT-Industrie drückte es so (be)merkenswert aus:

> »In meinem Kopf läuft ständig folgende Programmschleife, die fragt: Mit welchen Worten gehe ich auf die Sache ein – mit welchen auf die Person?«

Sache und Person – wer beides anspricht, motiviert.

Laute Mitarbeiter sind gute Mitarbeiter

Glücklicherweise habe ich als Vater nicht gänzlich versagt: Tina traut sich immerhin, mir Rückmeldung zu geben. Das spricht tendenziell für mein Motivationsvermögen, denn nur motivierte Mitarbeiter machen den Mund auf. Und umgekehrt:

> Nichts motiviert Mitarbeiter so sehr, wie den Mund aufmachen zu dürfen.

Meinungsfreiheit gegenüber dem Chef ist eine Supermotivation. Natürlich tut es weh, wenn mir ein Mitarbeiter (wie meine Tochter) verbal vors Schienbein tritt. Und je mehr recht er oder sie hat, desto schmerzhafter ist es.

> Motivierte Mitarbeiter tun manchmal weh. Ein guter Manager hält das aus.

Jetzt wissen wir auch, warum manche Manager nicht motivieren können und wollen: Sie ertragen keine motivierten Mitarbeiter. Für gute Führungskräfte hingegen gilt: No pain, no gain. Natürlich fällt es schwerer, ehrliche Kritik einzufordern, als Incentives für blinden Gehorsam auszuloben. Dafür ist Meinungsfreiheit zehnmal wirkungsvoller – nicht umsonst steht sie in den meisten Verfassungen moderner Staaten. Außerdem: In 90 Prozent der Zeit machen motivierte Mitarbeiter Ihnen einen Heidenspaß – und Ihren externen sowie internen Mitbewerbern erfreulich viel Ärger.

Die meisten Mitarbeiter wissen zudem, dass Incentives und Boni oft die Motivationsschwächen des Managements kaschieren sollen. Der Fertigungsleiter eines Kunststoff verarbeitenden Betriebs formulierte es so: »Was nützt mir eine Incentive-Reise nach Bali, wenn der Chef mir nicht zuhört? Die Reise ist in einer Woche rum, aber der Chef hört mir danach wieder vierzig Wochen lang nicht zu!«

> Fordern Sie Ihre Mitarbeiter auf, ihre Meinung offen und ehrlich zu sagen (Höflichkeit können Sie ihnen trotzdem beibringen). Belohnen Sie sie dafür, auch wenn es manchmal wehtut. Das motiviert auf Dauer stärker als jedes Incentive.

Außerdem erfahren Sie so viele Dinge, die Ihnen nie jemand sagen wird, wenn Ihre Leute vor lauter Demotivation die Zunge verschluckt haben. Warum zum Kuckuck fällt es vielen Managern bloß so schwer, Meinungsfreiheit zu gewähren? Weil sie unter dem Beethoven-Syndrom leiden.

Manager können nicht zuhören

Ein Bereichsleiter aus der Elektronikindustrie erzählte mir: »Ich versuche, meinen Vorstand regelmäßig über unser Großprojekt zu informieren. Das ist schon schwierig genug. Neulich konnte ich ihn nach drei Tagen und zwölf Versuchen endlich auf irgendeinem Flughafen telefonisch erreichen. Er hörte mir zu. Ich war richtig froh, dass er sich für das Projekt interessierte, und verabschiedete mich gut gelaunt. Da sagte er: ›Und danke für Ihren Rückruf!‹ Plötzlich merkte ich, dass er mir nicht wirklich zugehört hatte. Er hatte noch nicht einmal gemerkt, dass ich ihn aus eigener Initiative angerufen hatte. Er war in Gedanken ganz woanders!«

Der Bereichsleiter hat seinen Vorstand seither nicht mehr angerufen. Er ist frustriert. Das Projekt läuft gerade nicht gut. »Ist nicht so schlimm. Interessiert eh keinen!« So hört sich Demotivation an. Der größte Wertschöpfungsvernichter unter der Sonne. Aber ein Vorstand kann eben nicht stundenlang jedem zuhören, werden Sie sagen. Wer verlangt das denn?

> Sagen Sie Ihrem Mitarbeiter: »Ich habe leider nur wenig Zeit. Aber die nächsten fünf Minuten gehören Ihnen allein. Können Sie mir in dieser wirklich knappen Zeit das Wesentliche sagen?«

Von einem Gruppenleiter aus der Pharmabranche erfuhr ich: »Mein Chef hat nie Zeit. Wir nennen ihn nur noch den Minuten-Manager. Mehr gibt er dir meist nicht: zwei, drei Minuten. Aber in diesen drei Minuten hört er dir mit einer Aufmerksamkeit zu, die ist irre. Du fühlst, dass du in diesem Moment das Zentrum seiner Welt bist. Er schaut dir die ganze Zeit in die Augen, fragt nach, macht Kommentare, will alles ganz genau wissen, redet wirklich kompetent mit. Er quetscht dich aus wie eine Zitrone. Und, ehrlich gesagt, länger als drei Minuten hält diese geballte Aufmerksamkeit keiner von uns aus.« Die Amerikaner haben natürlich einen Begriff dafür: Aerobic Listening. Clinton (Bill, nicht Hillary) soll diese Disziplin übrigens perfekt beherrschen. Er hat es damit ziemlich weit gebracht …

> Hin und wieder nur drei Minuten wirklich aufmerksam zuhören motiviert mehr als jeder Bonus.

Das Tollste daran: Das kann man(ager) lernen! Manche lernen es in Sekunden, andere in Wochen. Die einen im Selbsttraining, die anderen mit Coaching-Unterstützung.

> Wenn Sie bis in die Haarspitzen motivierte Mitarbeiter möchten: Hören Sie Ihnen mit voller Aufmerksamkeit zu – nicht immer (dafür hat keiner Zeit), aber regelmäßig.

»Aber ich kann doch nicht den Mitarbeiter bestimmen lassen!«, lautet meist der Einwand. Das verlangt niemand von Ihnen!

> Zuhören allein motiviert – auch wenn Sie nicht tun, was der andere sagt.

Warum fällt es Managern so schwer zuzuhören? Weil sie Macher sind. Dafür werden sie bezahlt – fürs Ansagen, Anweisen, Rechthaben und Organisieren.

> Ein guter Fußballspieler kann blitzschnell vom Angriff zur Verteidigung übergehen. Schalten auch Sie von Ansagen auf Zuhören um – und umgekehrt.

Am leichtesten fällt das übrigens Managern, die nicht denken: »Der einfache Mitarbeiter – was weiß der schon?« Das ist bereits eine so demotivierende Einstellung, dass Mitarbeiter sie zehn Meter gegen den Wind riechen können – und jegliche Motivation flöten geht. Gute Motivatoren sind hingegen überzeugt: »Jeder Mensch hat gute Ideen. Man muss nur aufmerksam zuhören.«

Wer seinen Leuten keine Aufmerksamkeit schenkt, braucht jede Menge Boni und Incentives, um sein Versagen auf diesem Gebiet halbwegs zu kompensieren. Ganz kaschieren lässt sich das nie. Umgekehrt bestätigte mir die Leiterin eines Support-Teams: »Ich brauche keine Incentives. Ich höre meinen Mitarbeitern zu.«

Was jeden motiviert

Welches ist die meistgestellte Frage auf Motivationsseminaren? Richtig: »Wie motiviere ich meine Mitarbeiter?« Ich kenne etliche Trainer, die diese Frage in den Wahnsinn treibt, denn sie ist schlichtweg falsch. Die Antwort darauf kann nur ein Universalrezept sein: »Behandle deine Mitarbeiter so und so – und sie werden motiviert sein.« Dieses Rezept gibt es jedoch nicht, weil Mitarbeiter sehr unterschiedlich sind, wie jeder von uns schon bemerkt haben dürfte. Eine allgemeingültige Anleitung existiert genauso wenig wie der perfekte Anmachspruch, mit der man jede beziehungsweise jeden rumkriegt.

> Die richtige Frage lautet: Was motiviert Mitarbeiter?

Die Antwort ist einfach: Das kommt darauf an. Für den einen ist Geld ein Impuls, für den anderen Aufmerksamkeit, für den dritten eine straffe, Orientierung gebende Führung, für den vierten ein eigener Entscheidungsspielraum, der fünfte braucht regen Kundenkontakt und der sechste tüftelt gern im stillen Kämmerlein …

Jeder Mitarbeiter hat seine »Motivationsknöpfe«. Finden Sie diese und drücken Sie drauf!

Das ist keine Manipulation. Wenn Sie Druck machen, überreden, drohen, mit Knete ködern, die Möhre vorhalten, dann überzeugen Sie mit unlauteren Mitteln, weil Sie die Motive des Mitarbeiters verletzen. Woher aber wissen Sie, was einen Mitarbeiter anspricht und welches die richtigen Knöpfe sind? Schauen Sie ihm ins Gesicht.

Ob Sie einen Mitarbeiter mit Begeisterung anstecken oder nicht, zeigt Ihnen sein Gesicht!

Und das absolut zuverlässig. Wenn Sie scharf mitgedacht haben, werden Sie einwenden: »Wenn er eine Schnute zieht, ist es also zu spät! Dann hab ich ihn schon frustriert!« Richtig. Aus diesem Grund:

Spornen Sie Ihre Mitarbeiter prophylaktisch an und formulieren Sie das, was Sie zu sagen haben, immer so, dass es zu den eigenen Motiven des Mitarbeiters passt!

Oder anders ausgedrückt:

Motivieren heißt, die Gedanken des Gegenübers zu denken.

Wir kennen doch alle unsere Pappenheimer. Der eine ist detailversessen. Wenn ich für ihn einen Auftrag habe, dann sage ich nicht: »Machen Sie mal!« Dann kriegt er Schaum vorm Mund, denn das ist ihm viel zu pauschal. Also schütte ich ihn mit Details zu, weil das aus seiner Sicht gut ist und ihn motiviert. Wenn ich hingegen einen Freigeist auf diese Art anweise, dann demotiviere ich ihn wirkungsvoller, als wenn ich Limonade in sein Notebook schütte. Er hasst Einzelheiten und glaubt, dass ihn diese einengen. Somit gebe ich ihm nur The Big Picture und lasse ihn den Rest selbst herausfinden. Wie schon die Römer wussten:

> Suum cuique! Jedem das Seine. Das ist das beste Motivations- rezept.

Wer die individuellen Motive eines Menschen anspricht, animiert ihn so am wirkungsvollsten. Außerdem ist die Situation wichtig, in der er sich befindet.

Situationsgerechte Motivation

Vor einigen Monaten moderierte ich ein Projektteam, das übel in die Bredouille geraten war. Seit Stunden diskutierten wir Lösungsoptio- nen. Die Stimmung war mies. Das bemerkte auch der junge Bereichs- leiter, der dem Meeting einen überraschenden Besuch abstattete.

Weil er sofort erkannte, wie schlecht alle drauf waren, und auch bemerkte, wie neugierig die Leute sein Handy (mit den neuesten technischen Spielereien einschließlich Whirlpool und Kegelbahn) beäugten, beschloss er, nicht über das Projekt und die damit verbun- denen Probleme zu reden. Er wollte seine Mitarbeiter ein wenig von ihren Sorgen ablenken. Also legte er das Wunderwerk der Technik auf den Tisch und demonstrierte, was es alles kann. Wie beurteilen Sie die Motivationswirkung des Bereichsleiters?

Zunächst einmal: Ein Bereichsleiter stattet einem bedrohten Pro- jektteam einen Überraschungsbesuch ab. Volle Punktzahl auf der Motivationsskala. Außerdem redet er nicht über »die Sache«, son- dern versucht, die Leute ein wenig aufzumuntern: Er hat erkannt, worauf es ankommt. Hut ab! Und? Weiter? Ich will Sie nicht auf die Folter spannen.

Als der Topmanager gegangen war, stand ein leitendes Teammitglied auf und sagte: »Warum zum Kuckuck braucht dieser Krawattenfritze ein Handy mit MP3-Player und was weiß ich noch alles, das die Firma bezahlt! Vielleicht, um damit Mozart zu hören, während wir hier noch nach Feierabend sitzen, und zwar unbezahlt, um ein Projekt zu retten, das dank der Budgetkürzungen durch das Topmanagement bedroht ist? Das muss ich mir nicht antun.« Sprach's und verließ das Meeting. Andere folgten ihm. Sie kamen nicht weit.

In der Tür kam ihnen die graue Eminenz des Unternehmens entgegen, ein Produktionsvorstand, der einen legendären Ruf genoss. Er fragte nur: »Leute, was ist hier los? Raus mit der Sprache!« Sie schütteten ihr Herz aus und erzählten es ihm empört. Er hörte nur zu, fragte genau nach, verkniff sich jeden Kommentar. Nach zehn Minuten legte sich der Zorn und die Leute entwickelten erstmals seit Wochen realistische Lösungsoptionen. Wie hatte der Alte das geschafft?

> Wenn Sie jemanden motivieren wollen, holen Sie ihn in der Situation ab, in der er sich befindet!

Der Bereichsleiter hatte es gut gemeint. Was er übersah:

> Trösten, Ablenken, Schönreden, Aufmuntern – das alles motiviert nicht wirklich. Sie doch auch nicht, oder?

Der Bereichsleiter wollte mithilfe seines Captain-Kirk-Handys von der prekären Situation ablenken. Das tun zwar viele Menschen automatisch, doch es führt zu nichts. Unterschwellig und unbeabsichtigt kommunizierte er dadurch: »Eure Situation ist mir scheißegal. Zumindest ist sie nicht so fürchterlich, wie ihr euch das ausmalt.« Das bremst jeden aus. Zu einem anderen Zeitpunkt hätten die Teammitglieder wohl sein neues Handy bewundert, doch vor dem Hintergrund, dass das Projektbudget gekürzt worden war und alle große Sorgen hatten, kam die teure Spielerei auf Geschäftskosten nicht gut an.

> Sie demotivieren Menschen, wenn Sie ihre Situation nicht ernst nehmen.

Der Produktionsvorstand tat das einzig Richtige: Er nahm nicht nur die Menschen und ihre Motive, sondern auch ihre Situation ernst. Er holte sie dort ab, wo sie sich befanden, indem er sich davon erzählen ließ. Diese leichte Übung bekommt eigentlich jeder hin!

Ich kenne den Vorstand einer Privatbank in Süddeutschland. Jeden Morgen schaut er bei allen Mitarbeitern vorbei, begrüßt sie per Handschlag und lässt sich vom Schnupfen der Kleinsten, von der verhauenen Klausur des Ältesten, der neuesten Anschaffung fürs Wohnzimmer und den nächsten Urlaubsplänen erzählen. Er hält sich nie lange damit auf, doch die wenigen Minuten reichen, um die Menschen in ihrer Lebenssituation abzuholen. Seine Mitarbeiter würden für ihn aus dem Fenster springen. Für einen Bürokraten würden sie das nie tun, aber für einen, der sie ernst nimmt. Sie, ihre Motive und ihre individuelle Situation. Wenn ich ein solches Vorgehen empfehle, fragen mich sachorientierte Manager oft: »Was soll ich denn groß sagen, wenn mir einer von der Herz-OP seiner Mutter erzählt?« Die Antwort ist einfach: Nichts!

> Die Menschen erwarten keine Ratschläge von Ihnen. »Ratschläge sind auch Schläge« und Rechthaberei motiviert nicht. Aber Zuhören. Und Redenlassen.

Zeigen Sie Verständnis: »Ja. Kenne ich.« »Beschissene Lage.« »Kein Witz. Ginge mir genauso.« »Was soll man machen? Das Leben ...« Welche Antwort sollten Sie hingegen unbedingt vermeiden, wenn ein Mitarbeiter Ihnen das Herz ausschüttet? Richtig:

»Kopf hoch! Das wird schon wieder!« Diese Floskel ist so motivierend wie ein Schlag ins Gesicht. Solche typischen Managersprüche motivieren Sie doch auch nicht, wenn Sie Kummer haben, oder?

Best Practice

Üblicherweise werden Berater gerufen, um Leute rauszuwerfen. Zyniker nennen das den McKinsey-Effekt. Dann kann der Vorstand sagen: »Tut uns leid, Leute, wir würden euch gern noch behalten. Aber die Berater meinen, ihr seid einfach zu viele! Also tschüss!«

Neulich rief tatsächlich wieder so ein Vorstand an: »Wir haben dreißig Mitarbeiter zu viel in der Verwaltung. Kommen Sie bitte vorbei!« Ich hasse es, als Rauswurfschaufel missbraucht zu werden (viele McKinseyaner übrigens auch). Weil ich aber weiß, wie viele Unternehmenslenker denken, sagte ich: »Dreißig bei mehreren Hundert – das müsste sich schon machen lassen, die müssen dann eben gehen.« »Nö«, sagte der Vorstand. »Wer redet denn von Kündigung? Ich möchte sie alle im Außendienst unterbringen.« Ich schluckte schwer. Menschen, die zehn Jahre lang Formulare gestempelt haben, sollen plötzlich in den zweithärtesten Job der Welt (der härteste: Hausfrau und Mutter) wechseln? Ich fragte ihn, wie er denn auf diese Idee komme.

»Das liegt doch auf der Hand: Wenn ich dreißig Leute entlasse, dann demotiviert das auch den Rest der Truppe, ganz zu schweigen von den dreißig Gekündigten. Und mich frustriert es auch. Ich will keine Leute rauswerfen!« Hut ab. Da nahm ein Topmanager das Thema Motivation so ernst, wie es genommen werden muss. Keine Macht auf Erden hätte ihn dazu bringen können, Kündigungen auszusprechen, obwohl es kaufmännisch und unternehmerisch völlig in Ordnung gewesen wäre. Denn:

Wer nur ans Business denkt, schadet dem Business!

Natürlich hätten die Entlassungen seiner Bilanz gut getan – kurzfristig. Mittelfristig hätte sich diese Demotivation auf die Produktivität niedergeschlagen und somit auch auf die Bilanz.

> Es kann Ihnen niemand verbieten, vorrangig an Ihre Sachaufgabe zu denken, schließlich fördert das den Erfolg. Doch wenn Sie gleichzeitig Ihre Motivationsaufgabe nicht vernachlässigen, bringt Ihnen das den zehnfachen Erfolg.

Dass der Vorstand seinen Mitarbeitern nicht kündigte, obwohl es notwendig gewesen wäre, sprach sich schnell herum. Das löste einen Motivationsschub aus, der seinesgleichen sucht. Wenn ich das Unternehmen heute besuche, ist trotz harten Trainings aus keinem der dreißig Leute ein Spitzenverkäufer geworden – Wunder vollbringt nur der Allmächtige. Doch alle sind froh und glücklich und arbeiten den Kollegen aus dem Vertrieb auf eine Weise zu, dass diese ihre Schlagzahl und Erfolgsquote deutlich erhöhen konnten. Diese sind übrigens genauso motiviert: »Endlich hat der Vorstand unseren Ruf nach Verstärkung erhört!«

> Die Sache vorantreiben und die Mitarbeiter motivieren – behalten Sie beides im Blick und beide Augen offen!

Es zwingt Sie niemand, Ihre Mitarbeiter anzufeuern. Viele Manager sind echte Spaßbremsen sowie Motivationskiller – und kommen locker damit durch, weil auch ihre Vorgesetzten in dieser Hinsicht schwach sind. Und doch klagen mir fast alle, dass sie nicht nur Gehorsam erwarten, sondern sich auch Respekt wünschen. Schön, dann bleibt Ihnen nichts anderes übrig: Motivieren Sie!

> Wer motiviert, wird respektiert!

Manager managen. Leader können darüber hinaus auch motivieren … Wen motivieren Sie als Nächstes?

Das Kapitel auf einen Blick: Machen Sie den Brötchen-Test!

Wenn Sie morgens Ihr Brötchen bestreichen, fragen Sie sich: Für wie motivierend halten mich wohl meine Mitarbeiter? Oder auch mein Partner beziehungsweise meine Partnerin, meine Kinder, meine Kunden …? Wie bringe ich mir selbst bei, mich regelmäßig zu fragen: Wie kommt das an, was ich gleich sagen oder tun werde? Wessen »Motivationsknöpfe« möchte ich heute (besser) kennenlernen? Wie halte ich mich über die Situation auf dem Laufenden, in der sich meine Ansprechpartner befinden?

Haben Sie keinen Spaß!

»Work should be more fun than having fun.«

Tom Peters

Wir armen Manager

Haben Sie ein Kruzifix zur Hand? Rosenkranz? Knoblauchzehe? Wappnen Sie sich gegen das heraufziehende Grauen! Und schicken Sie Frauen, Alte und Kinder aus dem Zimmer. Denn jetzt behandeln wir ein ganz und gar anstößiges Thema. Wir stellen uns die für einen Manager schrecklichste aller Fragen: Haben Sie Spaß bei der Arbeit?

Einer Führungskraft so etwas zu unterstellen ist für sich genommen schon ein Sakrileg. Denn: Die Welt ist rund. Gott ist groß. Und: Führungskräfte haben *keinen* Spaß! Oder haben Sie einen Topmanager schon einmal bei der Arbeit lachen sehen? Lächeln? Freundlich gukken? Nein, sie schauen meist so drein, als ob sie kleine Kinder fressen wollten. Moralinsauer. Angefressen. Bierernst. Die meisten Menschen denken zwar, dass Topmanager so aussehen, weil sie so schwer an ihrer Verantwortung zu tragen haben, die Wahrheit aber ist: Sie haben schlicht und einfach keinen Spaß bei der Arbeit.

Trotz Supergehalt, Firmenwagen, Chauffeur, Privilegien und einem nie versiegenden Nachschub an blonden Assistentinnen mit Uni-Abschluss. Tatsächlich kenne ich nur betrüblich wenige Topmanager, die wirklich mit Freude dabei sind – im Sinn von: mehr Spaß als Ungemach. Das ist ulkig. Der einfache Mann auf der Straße versteht die Welt nicht mehr: »Was? Bei diesem Gehalt? Der Mann hat keinen Spaß bei der Arbeit? Was soll ich erst sagen! Ich verdiene ja grade mal ein Zehntel!«

Manchmal, wenn ich gut drauf bin, stelle ich mich vor einem Businesstermin frühmorgens ans Tor des Unternehmens und betrachte das Defilee der Gladiatoren. Die einfachen Arbeiter ziehen munter tratschend vorüber, lebhaft das Fußballspiel von gestern Abend diskutierend – dazwischen vereinzelt und allein immer mal wieder ein Manager. Er sticht aus dem fröhlichen Treiben heraus und wirkt so deplatziert wie eine Tarantel im Vanillepudding. Man erkennt ihn an seinem Köfferchen, an der Krawatte, den herunterhängenden Mundwinkeln. Er redet mit niemandem, hat den Blick gesenkt oder starrt mit ausdrucksloser Miene ins Nichts. Das wirkt seriös, wichtig, ernsthaft, unersetzbar, unnahbar. Wie Kaiser Wilhelm zu Staatsbesuch in Hinterpommern. Staatstragend. Er schaut drein wie sieben Tage Regenwetter. Aber wieso sollte es auch anders sein?

Warum zum Henker müssen Manager ihre Arbeit gern machen? Sicher haben Sie davon gehört, dass Spaß auch ein wichtiger Erfolgsfaktor ist. Und Sie wissen, dass niemand seine Mitarbeiter nachhaltig motivieren kann, wenn er nicht selbst in guter Stimmung ist. Andererseits: Ein Manager, der seiner Arbeit mit großem Vergnügen nachgeht, das entspricht nicht der Regel und mit der möchten doch alle konform gehen. Ein Manager, der Spaß hat? Der spinnt wohl. Leichenbestatter und Führungskräfte haben einfach nichts zu lachen.

Die moralinsaure Zwangsseriosität ist die selbst auferlegte Buße für Supergehalt und Privilegien. Das haben wir inzwischen akzeptiert. Die Frage ist nur:

Fühlen Sie sich wohl dabei?

Davon kann keine Rede sein. Manager sind erfolgreich. Sie tragen hohe Verantwortung. Position, Status, Prestige und Gehalt geben ihnen eine gewisse Zufriedenheit, ja, grimmige Genugtuung. Aber Spaß? Persönliche Erfüllung? Dieses innere Glühen, das sie noch von früher kennen? Das empfinden die wenigsten. Wie gehen Sie damit um?

Die meisten denken: Ich muss die nächste Karrierestufe erklimmen, die nächsthöhere Position erreichen, um endlich die Freiheit zu haben, das machen zu können, was mich wirklich erfüllt, was mir Freude macht, was mich auch persönlich voranbringt. Deshalb sind Manager so kompetitiv – und nicht, wie ihnen die Journaille unterstellt, weil sie so karrieregeil wären. Mit jeder Beförderung hoffen wir darauf, jene Freiheit zu erringen, die wir brauchen, um endlich das zu machen, was uns vorschwebt. Und so klettern wir Sprosse um Sprosse höher, um jäh zu erkennen: Wieder nix! Es wird auch auf der neuen Position nichts mit der erhofften Unabhängigkeit. Freiheit im Management ist ein Mythos: Man(ager) hat immer einen über sich sitzen. Selbst wer »ganz oben« angekommen ist, dem sitzen Aufsichtsrat, Shareholder und Eigner im Genick. Er selbst ist ein Gefangener dieses Systems.

Wie viele Manager können schon das tun, was ihnen wirklich Spaß macht? Anthony kann das jedenfalls nicht. Er ist achtundvierzig Jahre und seit Kurzem Generaldirektor seines Unternehmens. Endlich ist er angelangt, wo er immer hin wollte – und verzweifelt, weshalb er auch zu mir ins Coaching kommt. »Sind Sie übergeschnappt?«, frage ich ihn scherzhaft. »Wie kann man in Ihrer Position unglücklich sein?« Ihm ist nicht nach Scherzen zumute: »Ich kenne den Laden in- und auswendig. Jeden Kunden, alle Produkte. Ja, wir könnten das alles noch optimieren und ausbauen und das machen wir auch. Aber Freude bereitet das nicht. Mir nicht. Nicht mehr. Ich hab das einfach schon zu lange gemacht.«

Ich frage ihn: »Was würde Ihnen Spaß machen?« Sofort leuchten seine Augen: »In den Osten expandieren! Wir haben exzellente Connections. Da tut sich was! Da entstehen über Nacht ganze Riesenmärkte.« »Und? Warum gehen Sie es nicht an?« »Ach, die alte Geschichte: die Tagesarbeit, die ganze Routine, ich arbeite doch jetzt schon sechzig Stunden in der Woche!« Klar, so geht es uns allen. Aber: Hätte Richard Branson das gesagt? Oder Bill Gates? Oder jeder andere Manager, von dem Sie wissen, dass er einen Heidenspaß bei der Arbeit hat und supererfolgreich ist? Man mag über Big Shots dieses Kalibers denken, wie man will – eines ist sicher: Sie haben den Spaß ihres Lebens! Nicht trotz Arbeit. Sondern bei der Arbeit. Warum?

> Mut zu Steckenpferden! Das bringt den Spaß bei der Arbeit.

Sowohl Branson als auch Gates machen explizit das, was sie wollen und was ihnen Spaß macht. Nicht immer, aber so oft es irgendwie geht.

Machen Sie doch, was Sie wollen!

Anthonys Steckenpferd ist die Ostexpansion. Seit er den Mut aufbringt, sich dazu zu bekennen, und nicht länger »die Tagesarbeit« als Ausrede vorschiebt, entwickelt er einen Gedanken nach dem anderen, wie er das Projekt angehen könnte. Er findet zwar immer noch nicht die Zeit für eine groß angelegte Kampagne, doch er hat inzwischen die Gespräche mit einem potenziellen Joint-Venture-Partner im Osten aufgenommen. Kein Quantensprung für sein Business (verglichen mit einem »richtigen« Markteintritt), doch ein großer Schritt für Anthony: »The fun is back!«, sagt er jetzt im Coaching und grinst wie ein Honigkuchenpferd. Seine Frau hat sich übrigens auch bei mir bedankt: »Ich weiß ja nicht, was ihr im Coaching beredet, aber seit Kurzem bläst mein Mann zu Hause keine Trübsal mehr – das ging der Familie so auf die Nerven. Danke!«

> Sie wollen Spaß? Dazu müssen Sie keine höhere Position erklimmen. Was Sie brauchen, ist Mut.

Seien Sie mutig genug, regelmäßig und in prophylaktischen Dosen das zu tun, wonach Ihnen der Sinn steht. Natürlich dürfen die Steckenpferde nicht überhand nehmen. Ich kenne Vorstände, die fast nur noch »Vorstandsprojekte« (also Privatvergnügen) verfolgen, weil ihnen der Job dermaßen stinkt. Das ist natürlich übertrieben und der Sache wenig dienlich: Sie benötigen täglich nur ein bisschen Zeit, um sich Ihren Themen zu widmen und die Freude an der Sache zurückzugewinnen. Auch wenn deshalb noch lange nicht alles Spaß macht, Sie werden eine bessere Führungskraft sein.

> Wo steht Ihr Spaß-O-Meter gerade? Noch im grünen Bereich? Oder wäre es wieder einmal an der Zeit, sich Ihrem Steckenpferd zu widmen?

An dieser Stelle fragen die Chorknaben meist erschrocken: »Aber darf denn ein Manager Spaß bei der Arbeit haben?«

> Spaß ist kein Luxus, sondern eine Notwendigkeit!

Wenn der Chef keine Freude mehr an der Arbeit hat, verlieren sie auch seine Mitarbeiter schnell. Außerdem: Wer nicht mit Lust und Laune dabei ist, arbeitet mit angezogener Handbremse – und das ist ein klarer Verstoß gegen den Arbeitsvertrag. Es dauert nicht lange, dann geht auch der Erfolg flöten. Und: Jeder Burn-out fängt ebenfalls so an.

> Ist Spaß im Management erlaubt? Er ist nicht erlaubt, er ist ein MUSS!

Damit meine ich nicht den Spaß, der gar nichts mit den eigentlichen Aufgaben zu tun hat. Leider sind Manager dafür berüchtigt und müssen sich immer wieder vor Ethikkommissionen verantworten: Puffbesuch auf Firmenrechnung, Bestechlichkeit, Veruntreuung, Steuerhinterziehung. Dass das (einigen Managern) Spaß macht, ist unbestritten. Es bringt bloß nichts: Deshalb macht keiner seine Arbeit lieber oder erfolgreicher. Spaß durch Zerstreuung ist leistungshemmend und auf Dauer nicht wirklich spaßig. Wenn Sie Erfüllung bei der Arbeit suchen, sollten Sie sie auch genau dort suchen. Das betrifft nicht nur, was Sie tun, sondern noch viel mehr, wie Sie es tun.

Machen Sie es, wie Sie wollen!

Selbst ein Manager kann nicht immer machen, was er will. Er kann jedoch meist beeinflussen, wie er es anpacken möchte. Anthony zum Beispiel arbeitet vier, fünf Stunden die Woche für seine kleine Ostexpansion. Das ist ihm allerdings noch zu wenig, um wirklich erfüllt zu sein. Leider findet er momentan nicht mehr Zeit für Steckenpferdprojekte. Deshalb geht er jetzt auch seine anderen Aufgaben so an, wie es ihm Spaß macht – dafür ist immer Zeit.

Erinnern Sie sich, wie ich beim Troubleshooting und bei der Analyse gern vorgehe? Alle Welt erwartet, dass ich nächtelang Tabellen studiere und vom Controlling ständig neue Aufstellungen und Kalkulationen verlange. So könnte ich das durchaus machen, aber das macht mir keinen Spaß. Als Ex-Banker halte ich zwar viel auf Zahlen und Fakten, doch wenn ich mich ausschließlich darauf stützen muss, bekomme ich spätestens nach zwei Stunden Juckreiz: Es treibt mich raus zu den Menschen. Ich will das Business nicht anhand von Zahlen, sondern »in echt« erleben.

Also lasse ich meinen Schreibtisch stehen, organisiere mir einen Dienstwagen und fahre raus an die Front, zur Basis, zu den Mitarbeitern, Kunden und Prozessen hinter den Zahlen. Ich werde jedes Mal von allen Seiten schief angeschaut, wenn ich das mache – ein Topmanager an der Basis gilt tatsächlich als exotischer Gast, so weit ist es schon gekommen. Für mich ist es aber die einzige Art und Weise der Analyse, bei der ich den nötigen Spaß erlebe und nebenbei Sachverhalte aufdecke, die das Controlling regelmäßig nicht erfasst hat.

> Wenn Sie Freude am Job und am Leben haben wollen, tun Sie die
> Dinge, die Ihnen Spaß machen. Die anderen erledigen Sie auf eine
> Ihnen angenehme Art und Weise – und das muss keinesfalls so
> sein, wie man es Ihnen vorschreibt oder wie es immer schon ge-
> macht wurde.

Warum verhalten sich nicht alle so? Weil im Management ein schi-
er unglaublicher Konformitätsdruck herrscht. Die Schrotthypothe-
ken, welche die Weltwirtschaft an den Rand des Kollapses brachten,
hatten viele Bankmanager von Anfang an im Verdacht, erstklassiger
Mist zu sein. Sie kauften sie trotzdem. Denn im Management gilt:
Lieber sich gemeinsam irren als einsam recht behalten. Wer diesem
Druck nachgibt, zahlt einen hohen persönlichen Preis:

> Wenn Ihnen Konformität (»Kuschen«, sagt der preußische Land-
> edelmann) wichtiger ist als die Freude an der Arbeit, werden Sie
> irgendwann sehr unglücklich (und wenig erfolgreich) enden.

Das ist der Fluch des selbstbestimmten Lebens: Es ist nur und erst
dann wirklich von Glück erfüllt, wenn wir es tatsächlich selbst bestimmen.

> Wer Erfüllung bei der Arbeit finden will, sollte sich Dingen widmen,
> die ihm Freude bereiten. Alles andere sollte er so anpacken, dass es
> ihm ebenfalls Spaß macht.

»Ach«, meinte unlängst ein erfolgreicher Abteilungsleiter aus der
Pharmaindustrie. »Spaß kann ich auch nach Feierabend haben.
Meine Karriere ist mir wichtiger als der Spaß bei der Arbeit.« Das
wage ich zu bezweifeln.

»Spaßvögel« machen eher Karriere

Ein guter Freund von mir, der als interner Revisor bei einer Versicherungsgesellschaft sehr erfolgreich war, stieß genau aus diesem Grund relativ schnell an die Glasdecke. Irgendwann verriet er mir: »In der Revision macht keiner die ganz große Karriere. Ich sattle um. Auf Vertrieb, da schafft man es bis in den Vorstand hinauf.« Dumm nur: Er musste jetzt nicht allein Zahlenkolonnen jonglieren, sondern auch Mitarbeiter motivieren. Das machte ihm nicht wirklich Spaß und das merkten seine Verkäufer. Der ganz große Erfolg blieb bis heute aus.

> Spaß an der Arbeit ist immer noch der beste Karriere-Booster.

Doch Spaß kann weitaus mehr für Sie tun, als Ihre Karriere befeuern. Er kann Ihr Leben umkrempeln. Betrachten wir das am Beispiel:

Ein Mann, der nähen kann

Mein Bruder ist seit seinem fünfzehnten Lebensjahr Vollblutverkäufer. Manchmal ruft er mich an und erzählt hörbar vergnügt: »Erinnerst du dich noch an den …? Dem hab ich grad eben die neue Waschmaschine von … mit dem Super-Ökoprogramm verkauft!« Man denke: Waschmaschinen! Wenn es wenigstens PCs oder Digitalkameras wären. Was ist an Waschmaschinen schon sexy? Ich weiß es nicht, aber mein Bruder weiß es. Und es macht ihm einen Höllenspaß. Immer noch. Nach mehr als zwanzig Jahren. Deshalb ist er inzwischen einer der Topverkäufer in seiner Region. Wer so viel Spaß an einer Sache hat, der kann gar nicht anders als sehr erfolgreich sein.

Das heißt nicht, dass für ihn das (Arbeits)Leben nur eitel Sonnenschein ist. Im Gegenteil. »Spaßvögel« erleben dieselben Schwierigkeiten wie Miesepeter, sie gehen nur anders damit um: Als mein

Bruder sechzehn war, beschloss sein damaliger Chef, dass sie neben Glühbirnen, Bügeleisen und anderen E-Waren nun auch Nähmaschinen verkaufen würden. Mein Bruder erzählt noch heute mit von Grauen erfüllter Stimme: »Unvorstellbar! Ich war sechzehn, ein junger Mann, und hatte noch nie eine Nähnadel in der Hand gehabt – das war damals Mädchenkram. Und jetzt sollte ich Nähmaschinen verkaufen!«

Was tun? Er konnte nichts tun: Es war eine Managemententscheidung. Er musste die Dinger anbieten, aber er hasste jede einzelne von ihnen voller Inbrunst – und verkaufte deshalb während der ersten Woche die grandiose Anzahl von null Stück. »Ich klagte jedem, der mir zuhörte«, erzählt er heute, »dass unsere Maschinen viel zu teuer seien, dass unsere Kunden ganz andere Features verlangen würden, als unsere Modelle vorzuweisen hatten, und so weiter.« Eben das, was Verkäufer erzählen, die nicht viel verkaufen. Die meisten Vertriebsleiter denken dann, dass es am Preis, am Modell, an der Konkurrenz oder am mangelnden Training des Verkäufers liegt, wenn der Umsatz ausbleibt. Dass die Ursache mangelnder Spaß ist, darauf kommen die wenigsten.

Es kam der Dezember und alle Einzelhändler der Stadt beteiligten sich an einem Weihnachtsmarkt. Auch der Laden meines Bruders war vertreten – mit den verhassten Nähmaschinen. Und mein Bruder traute seinen Augen kaum: Sein Chef verkaufte die Dinger, von denen er nicht ein einziges losgeworden war, als wären es Schlauchboote während einer Sintflut! Mein Bruder konnte es nicht fassen: Was war das Verkaufsgeheimnis seines Chefs? Es war ein simples: Er, als Mann, demonstrierte den Frauen, wie man(n) näht. Damals war das die Gender-Sensation schlechthin.

Mein Bruder war so beeindruckt, dass er sofort versuchte, Knopflöcher zu nähen. Wer noch nie an einer Nähmaschine gesessen hat, soll sich von seiner Mutter oder (heutzutage eher selten) von der Partnerin erklären lassen, wie infernalisch schwer das ist. Jedenfalls war am Ende des Weihnachtsmarkts mein Bruder der Knüller der Veranstaltung: Ein Sechzehnjähriger, der so gut nähen kann, dass er sich öffentlich sogar an die hohe Kunst des Knopflochnähens wagt! Die in Scharen herbeiströmenden Damen konnten es nicht glauben, überschlugen sich vor Ver- und Bewunderung – und kauften meinem Bruder die Bude leer. Übrigens: Knopflöcher war das Einzige, was er auf der Maschine konnte ...

Die Moral von der Geschichte?

Ihre persönliche Philosophie

Gehen wir für den Augenblick davon aus, dass vieles im Leben nicht wirklich lustig ist. Das Schicksal wirft einem gern Stöckchen zwischen die Beine oder Nähmaschinen in den Weg. Wir können uns darüber beklagen, was absolut menschlich und verständlich ist. Leider hat Jammern einen gewaltigen Nachteil: Der Spaß an der Arbeit und am Leben kommt dadurch nicht zurück, wie wir alle schon leidvoll erfahren haben.

Mein Bruder hätte sich auch so verhalten können: »Wenn ich schon die verhassten Nähmaschinen verkaufen muss, dann nehme ich mir zum Ausgleich die Zeit für meine Steckenpferde und widme mich verstärkt dem Verkauf von Waschmaschinen und Installationsmaterial!« Und natürlich hätte das funktioniert. Steckenpferde bringen immer Freude. Leider wäre er der verhassten Spaßbremse Nähmaschine dadurch nicht entledigt gewesen.

> Spaßblockaden lassen sich nur mithilfe der persönlichen Philosophie aus der Welt schaffen.

Der Clou daran: Ich weiß noch nicht einmal, wie die Philosophie meines Bruders lautet. In der einen Sekunde hasste er Nähmaschinen, in der anderen brachte er sich das Knopflochnähen bei. Was trieb ihn dazu an? War es der Ehrgeiz des jungen Mannes, sich nicht von einem alten Herrn ausstechen zu lassen? War es die grandiose

Aussicht darauf, die Gunst seines Publikums zurückzuerobern? War es die sportliche Herausforderung, sich etwas beizubringen, das kein anderer junger Mann sich beizubringen wagte? Ich weiß es nicht. Und: Es ist piepegal! Denn es kommt überhaupt nicht darauf an, welches die persönliche Berufs- und Lebensphilosophie anderer ist. Es kommt darauf an, wie Ihre eigene lautet!

Wenn ich die Nähmaschinen-Anekdote erzähle und nach der persönlichen Philosophie des Coachees oder Managers, der mir gegenübersitzt, frage, antwortet dieser meist spontan: »Ich hätte es getan, um ein Mordsgeschäft zu landen!« Oder: »Ich hätte mir das Knopflochnähen beigebracht, um meinen Kundinnen zu zeigen, was mein Produkt Gutes für sie tun kann.« Oder: »So schwer ist das doch nicht! Also so was traue ich mir auch zu!«

Warum hätten Sie es getan? Das ist Ihre persönliche Philosophie! Jeder hat eine. Sie ist schon da, sie will lediglich von Ihnen (wieder) entdeckt werden.

> Wer seiner persönlichen Philosophie treu bleibt, hat Spaß. Immer. Überall. Und Erfolg – aber das versteht sich von selbst.

Warum haben wir dann aber im Berufsalltag so wenig Spaß? Weil wir uns von operativer Hektik und unangenehmen Zeitgenossen, von Krisen und Stress oft den Schneid abkaufen lassen. Wegen des Lärms, den unsere Umwelt veranstaltet, vernehmen wir unsere eigene innere Stimme, die unsere persönliche Philosophie verkündet, viel zu selten. So ging es auch Anthony: Er war derart mit Karriere, Aufstieg und dem Tagesgeschäft beschäftigt, dass seine persönliche Philosophie völlig überdeckt wurde. Wie sieht diese aus? Erraten Sie es? Es liegt auf der Hand: neue Märkte zu erschließen, international zu expandieren, neue Kunden zu werben, innovative Produkte zu kreieren. Anthony ist ein Erneuerer, ein Vorwärtsdenker, ein Visionär. Dann wurde er zum Generaldirektor befördert und stellte plötzlich fest, dass er Bewahrer, Konservator, Verwalter, Museumswächter geworden war!

Entdecken Sie sich neu!

Was ist der Unterschied zwischen Branson, Gates und Ihnen? Es gibt keinen nennenswerten. Die absoluten Topmanager sind auch keine Genies, keine Gurus. Die können zwar einige Dinge besser als Sie und ich – dafür andere schlechter. Es sind – Achtung: Leitmotiv dieses Buchs – nicht deren herausragende Fähigkeiten, die den herausragenden Unterschied ausmachen. Es ist der eine Fehler, den Branson und Gates vermeiden: Sie lassen sich weniger oft am Tag von ihrer persönlichen Philosophie abbringen. Sie bleiben sich länger treu. Sie leben ihre Philosophie breiter und tiefer, fokussierter und öfter. Das geht nicht? Das bringt mächtig Scherereien?

Lassen Sie mich eine kurze Episode erzählen. Es gibt einen zurückhaltenden, charmanten Mittvierziger, der in den USA ein Unternehmen für Sicherheitstransporte aufbaute. Das Geschäft lief gut – bis 9/11. Danach lief es absolut irre. Er konnte sich vor Aufträgen nicht retten. Der Boom zog Newcomer auf der Angebotsseite an wie Speck die Maden. Bald gab es einen Angebotsüberhang. Selbst langjährige Kunden versuchten, ihn im Preis zu drücken, weil die verzweifelte Konkurrenz unvorsichtigerweise den Preiskampf eröffnet hatte. Die Mitinhaber bedrängten ihn, seine Familie flehte ihn an, viele Mitarbeiter drohten ihm: Er solle doch endlich auch mit den Preisen heruntergehen, um wertvolle Aufträge zu halten.

Er aber sagte immer nur: »Ein guter Wachmann und ein guter Truck kosten Geld. Wenn wir uns das nicht mehr leisten können, lassen sich unsere Transporte bald so leicht knacken wie Erdnüsse.« Er blieb hart. Er verlor Aufträge. Alle Welt um ihn herum sagte: »Siehste! Haben wir es dir nicht gesagt?« Ihn kratzte das nicht wirklich. Was gab ihm diese Kraft? Das Festhalten an seiner persönlichen Philosophie: »Wir garantieren Sicherheit! Immer und ohne Kompromisse. Das ist unser oberstes Gebot.«

Während andere jedem Miniauftrag hinterherhechelten und sich in entwürdigenden Preiskämpfen aufrieben, behielt er weiter den Spaß an der Arbeit. Denn ihm war vor allem wichtig, seinen Kunden kompromisslose Sicherheit bieten zu können. Solange er das konnte, hatte er Freude an seiner Arbeit. Andere Unternehmen gaben entnervt auf, obwohl sie besser standen als er. Sie scheiterten, weil sich ihre Eigner und Manager aufgerieben hatten. Weil sie keinen Sinn mehr darin sahen, weiterzukämpfen. Er hingegen hielt durch. Warum? Weil er gar nicht durchzuhalten brauchte: Er hatte ja nach wie vor seinen Spaß.

Als die Ganoven der Region herausfanden, wie billig ausgestattet viele Werttransporte unterwegs waren, ging ein Hauen und Stechen sondergleichen los. An manchen Tagen reihten sich die aufgebrochenen Sicherheitstransporte am Straßenrand. Die Kunden kehrten reumütig und in Scharen zurück – natürlich nicht zu den alten Tarifen. Sie mussten nun kräftig draufzahlen. »Das war Lehrgeld für Dummheit im Dienst«, schmunzelt der Sicherheitsunternehmer heute.

> Wer seine persönliche Philosophie lebt, übersteht nicht nur Krisenzeiten gut. Er hat auch noch Spaß dabei und wird letztendlich immer mit Erfolg belohnt.

Warum das so ist, weiß ich auch nicht. Ich habe bis heute nicht den wahren Zusammenhang zwischen Spaß und Erfolg herausgefunden. Es ist mir, ehrlich gesagt, aber auch schnurzegal, solange das Prinzip nur funktioniert und ich voller Freude und mit Erfolg meiner Arbeit nachgehen kann.

Das Schöne an der persönlichen Philosophie: Sie haben ebenfalls eine, auch wenn Sie diese vielleicht nicht gleich erkennen. Je weniger Freude und Erfüllung Sie bei der Arbeit (und im Leben) empfinden, desto eher und intensiver sollten Sie nach ihr suchen – vielleicht müssen Sie dafür auch ein wenig tiefer graben. Wo? Wenn Sie daran denken, was Ihnen den größten Spaß bei der Arbeit bereitet und warum, dann sind Sie auf der richtigen Spur. Je mehr Sie diese kombinierte Wert- und Strategieorientierung in alles einfließen lassen, was Sie denken, sagen, tun und managen, desto erfüllter werden Sie von Beruf, Beziehung und Leben sein. Ein tolles Gefühl, ehrlich.

Neulich traf ich einen alten Bekannten, der Bankdirektor ist. Ich fragte ihn: »Na, wie geht's?« Er sagte: »Ach, es tröpfelt so dahin!« Ich musste grinsen: klares Indiz für einen temporären Verlust der persönlichen Philosophie. Ich erkundigte mich: »Hast du deinen Klappspaten dabei? Wir wollen jetzt nämlich ein wenig graben.«

Der Versuchung widerstehen

Warum werden wir so oft unserer persönlichen Philosophie untreu? Weil die Welt ein Sündenpfuhl ist, um Andreas Gryphius zu zitieren. Dauernd wollen uns andere einflüstern, dass es um Positionen geht, um Geld, Macht, Einfluss, Deals, Erfolg, Expansion, Shareholder Value, Strategie, Change, Outsourcing, Bilanzen, Employability, Globalisierung. Es ist leicht, diesen Versuchungen auf den Leim zu gehen und dabei unsere persönliche Bestimmung aus den Augen zu verlieren.

> »Trouve et accomplis ton destin.«
>
> Französisches Sprichwort

Alle Dichter und Denker des Abendlandes wussten und schrieben darüber, dass die schlimmste Sünde von allen ist, sich selbst untreu zu werden. Zum Beispiel William Shakespeare:

> »This above all: to thine own self be true.«
>
> William Shakespeare, Hamlet

Es lohnt sich immer, seinem eigenen Nordstern zu folgen. Ich sage das nicht aus dem hohlen Bauch heraus. Ich war immerhin Vorstand in einem internationalen Finanzkonzern. Ich hatte »es geschafft«. Ich war Top of the Heap. Und allein der Gedanke daran, dass ich das nun bis zu meiner Pensionierung sein würde, löste bei mir ein Unbehagen aus, als würde mir jemand eine fünf Tage alte Makrele vor die Nase halten: Das war der beste Job meines Lebens, aber es war nicht der bestmögliche meiner Lebensentwürfe.

In der Zeit als internationaler Troubleshooter meines Konzerns hatte ich erfahren, was ich wirklich will, was mich glücklich macht, welches meine Philosophie ist: Ich wollte Unternehmen und Menschen weiterbringen, mit ihnen den Turnaround schaffen, neue Märkte aufbauen, mein Netzwerk vergrößern, dazulernen, die Welt sehen, meine Erfahrung mit jungen aufstrebenden Leuten teilen, mit Staatsmännern, Dichtern und Denkern konferieren. Das konnte ich als Vorstand nicht in dem Maße und mit der Freiheit, die meine persönliche Philosophie verlangte. Das konnte ich nur als freier Berater.

Klar hatte ich Panik vor dem Absprung. Natürlich schlief ich in den ersten Monaten nach dem Sprung in die Selbstständigkeit einige Nächte nicht wirklich gut. Doch wer seinem Nordstern folgt, der weiß, wofür er es tut und dass es sich am Ende lohnt. Denn die Alternative, das Schicksal zu verleugnen, ist fürchterlich. Das führt dazu, dass man irgendwann einen guten alten Bekannten trifft und auf die Frage nach dem Befinden mit »Es tröpfelt so dahin!« antwortet. Das ist kein schönes Leben, das ist kein Glück, keine Erfüllung. Das ist die Hölle und der Grund, warum zwei Drittel aller Manager alkohol- oder tablettensüchtig, soziopathisch oder neurotisch sind. Oder wie Ralph Waldo Emerson sagte: »Most people live a life of quiet desperation.« Wer sich zu lange verbiegt, erliegt.

Es ist überflüssig zu sagen, dass sich mein Sprung ins kalte Wasser gelohnt hat. Mein junges Beraterteam macht glänzende Geschäfte. Ich kann tun und lassen, was ich will. Ich arbeite, was und wann ich will, und steige auf die Berge, wenn ich Lust dazu habe. Ich habe den Spaß meines Lebens. Was will man mehr?

»It's a helluva life – if you hit it right!"

Alan Arki

Was Sie gerade in Händen halten, ist übrigens ebenfalls Ausdruck einer hedonistischen Lebenshaltung. Was meinen Sie, wie viele Verlage sich geradezu entrüstet zeigten, dass ich ausgerechnet in einem Buch für Manager (!) von mir und meinen Erfahrungen erzählen wollte: »Das geht doch nicht! Managementbücher dürfen nicht in der ersten Person geschrieben sein! Managementbücher müssen Fachbücher sein. Trocken, seriös, wissenschaftlich untermauert. Manager verstehen schließlich keinen Spaß!« Es wäre mir ein Leichtes gewesen, das Manuskript auch als Sachbuch vorzulegen – glücklicherweise gibt es noch Verlage mit Spaß- und Sachverstand. Ganz davon abgesehen, dass sich die Leser meiner Fachkolumnen auch sehr gewundert – und gelangweilt – hätten. Aber selbst wenn ich es gekonnt hätte, ich hätte es nicht gewollt. Es hätte mir keinen Spaß gemacht. Ihnen sicher auch nicht. Sie sehen: Die Wahl, Freude und Erfüllung in Beruf und Leben zu finden, stellt sich täglich, stündlich, minütlich. Wir können die Sachen so machen, wie wir sie immer schon gemacht haben, wie der Boss, ein humorloser Lektor oder der Mann vom Kiosk an der Ecke es wollen. Oder wir können einen Weg einschlagen, der uns richtig und erfüllend erscheint. Wir haben die Wahl.

Das Kapitel auf einen Blick: Machen Sie den Schnürsenkel-Test!

Wenn Sie sich das nächste Mal die Schnürsenkel binden, fragen Sie sich: Was bringt mir den größten Spaß? Warum? Wie kann ich diesen (tätigkeitsbezogenen, nicht eskapistischen!) Steckenpferden mehr Raum in meinem Leben geben? Welches ist meine Bestimmung, meine persönliche Philosophie? Wie kann ich diese in möglichst alles einfließen lassen, was ich tue, denke, sage und unternehme?

Reden Sie Chinesisch!

»Kann mir mal jemand meinen Chef übersetzen?«

Joachim H., Abteilungsleiter

Welche Sprache spricht Ihr Chef?

Verstehen Sie Ihren Chef? Allein die Frage löst in Seminaren und Coachings Heiterkeit aus. Versuchen Sie, sich zu erinnern: Ist Ihr Chef ein Außerirdischer? Spricht er Chinesisch? Ist er gelegentlich besoffen? Nein? Warum versteht ihn dann (manchmal) keiner? Schlimmer noch: Warum versteht er nicht, dass ihn keiner versteht?

> Mancher Manager glaubt, nur weil wir dieselbe Sprache sprechen, müssten wir uns auch automatisch verstehen.

Wie oft sich Menschen missverstehen, müsste eigentlich jeder schon bemerkt haben, der verheiratet ist oder schon mal ein verheiratetes Paar erlebt hat: (Ehe)Partner reden ständig aneinander vorbei, obwohl sie dieselbe Sprache sprechen. In einer Beziehung ist der Schaden meist immaterieller Art. Im Berufsleben hingegen kommen uns Missverständnisse richtig teuer zu stehen. Ein Beispiel:

Der Vertriebschef eines Industriegüterunternehmens verabschiedet sich (was selten genug vorkommt) in den Urlaub. Schon halb auf dem Weg in die Dominikanische Republik ruft er einem Innendienstmitarbeiter zwischen Tür und Angel zu: »Wenn der Schmitz anruft: Behandeln Sie ihn aber diesmal bevorzugt!« Der Vertriebschef geht, der Anruf von Schmitz kommt.

Als der Vertriebschef wieder aus seinem wohlverdienten Urlaub zurück ist, hört ihn auch noch der Pförtner auf der anderen Seite des Hofs brüllen: »Sind Sie wahnsinnig? Wie konnten Sie dem Auftrag von Schmitz Vorrang vor unseren Projekten X und Y geben?« »Aber Herr Müller-Lüdenscheidt«, stammelt der kalkweiße Innendienstler. »Sie sagten doch, ich solle ihn bevorzugt behandeln.« »Aber Sie sollten dafür doch nicht unsere Topprojekte ausbremsen!«, tobt der Vertriebschef. »Sie sollten lediglich dafür sorgen, dass sein Auftrag nicht wie zuletzt zwei Wochen in der Auftragsabwicklung hängen bleibt! Das habe ich damit gemeint!«

Wenn er das gemeint hat, warum hat er es nicht gesagt? Wie kann einer, der locker 200.000 Euro im Jahr verdient, sich derart missverständlich ausdrücken? Das muss man sich einmal vorstellen: Da entsteht dem Unternehmen ein beträchtlicher Schaden, nur weil ein Topmanager sich nicht richtig artikulieren kann? Weil er Management-Chinesisch spricht? Wie verrückt ist das denn? Gehört es neuerdings nicht mehr zu den Einstellungsvoraussetzungen für Führungskräfte, dass sie zumindest ihre Muttersprache beherrschen?

> Die meisten Chefs beziehen das Gehalt eines Chefs. Aber sie sprechen nicht die Sprache eines solchen.

In der Öffentlichkeit gelten Manager als »scharfe Hunde«, die mindestens zwanzigmal am Tag unschuldigen Mitarbeitern ganz klar sagen, wo der Bartel den Most holt. Auch Manager halten sich selbst mehrheitlich für »sehr direkt und klar in meinen Anweisungen«. Wenn ich hingegen Mitarbeiter frage, ob sie verstehen, was ihre Vorgesetzten ihnen anweisen, kommt die oben erwähnte Heiterkeit auf, meist gepaart mit schlauen Sprüchen wie: »Was der Chef den lieben langen Tag so alles erzählt ... « »Kein Mensch versteht den Boss, nicht mal seine Frau!« »Der weiß doch selbst nicht, was er will.«

Wenn Manager sich nicht verständlich ausdrücken können, warum lernen sie es dann nicht? Aus einem einfachen Grund: Weil es nicht ihre Schuld ist! Verantwortlich sind die Mitarbeiter: »Aber das muss der Mitarbeiter doch wissen, was ich damit meine!«, rumpelte zum Beispiel der Vertriebschef aus unserer Episode im Brustton hochherrschaftlicher Überzeugung. Das ist putzig:

> Der Manager kann sich nicht richtig mitteilen und der »doofe« Mitarbeiter ist schuld.

So hält es auch Ihr Vorgesetzter? Möglicherweise amüsieren Sie sich über sein Unvermögen, sich verständlich zu machen. Und nun überlegen Sie einmal, was Ihre eigenen Mitarbeiter diesbezüglich über Sie sagen … Da kommen Sie ins Grübeln? Dann schaffen wir Abhilfe. Aber keine Angst, wir machen kein Rhetoriktraining. Rhetorik nützt hier gar nichts.

Kommunikation ist Einstellungssache

> Um wirksam zu kommunizieren, brauchen Sie kein Rhetoriktraining. Sie benötigen die richtige Einstellung.

Die Einstellung des oben erwähnten Vertriebsleiters lautet: »Das ist doch eh klar, was ich meine! Das müssen meine Leute doch wissen! Dafür habe ich sie schließlich auf ihre Position gesetzt!« Wer diese Denkweise pflegt, provoziert mit vorgehaltener Waffe Missverständnisse. Garantiert. Zuverlässig. Anhaltend. Als Führungskraft würde ich mich nicht mit so einer Aussage erwischen lassen. Denn damit sagt man im Grunde: »Der Empfänger ist verantwortlich dafür, eine Botschaft zu verstehen. Wenn meine Mitarbeiter mein Manager-Chinesisch nicht deuten können, sind sie selbst schuld.« Nee, es ist gerade umgekehrt: Wer mit Deutschen Chinesisch spricht, der ist schuld!

Wer mit der falschen Einstellung herumläuft, dem hilft nur eines: Rauf auf die Hebebühne, Ablassschraube aufdrehen und Einstellungswechsel vornehmen. Ein Coachee erzählte mir von seinem Ölwechsel: »Ich habe bisher immer angenommen: Das müssen meine Leute doch wissen! Wie kann man denn so blöd sein? Ich kann ihnen doch nicht alles haarklein vorkauen!« Er legte eine Pause ein und seine Stirn in Falten. »In den letzten beiden Wochen habe ich sozusagen als Experiment diese Annahme über Bord geworfen und durch eine andere ersetzt: Sie verstehen mich nicht!«

Wer weiß, dass er missverstanden wird, wird besser verstanden.

Wenn Sie annehmen: »Meine Leute müssen doch wissen, was ich meine!«, dann sind Sie dazu verdammt, alles hundertmal zu sagen, bevor es endlich richtig gemacht wird. Wenn Sie jedoch davon ausgehen, dass jede Ihrer Äußerungen zunächst einmal missverstanden wird, dann werden Sie anders kommunizieren. Sie werden zum Beispiel nachfragen. Mein Coachee fuhr fort: »Seit zwei Wochen frage ich nach jeder Anweisung, jeder Delegation: ›Was werden Sie jetzt tun?‹ Dann erklären mir die Leute ihr Vorgehen, ich stelle zu den einzelnen Schritten Zwischenfragen – und erkenne in der Regel, dass sie nur 30 bis 60 Prozent von dem verstanden haben, was ich sagen wollte.«

Wer verstanden werden will, fragt nach.

Ich legte den offensichtlichen Widerspruch ein: »Aber dann müssen Sie ja stundenlang mit Ihren Leuten reden! So viel Zeit hat keiner!« Er lächelte: »Natürlich spreche ich jetzt jeweils einige Minuten länger mit meinen Mitarbeitern. Aber ich spare Stunden und Tage, weil meine Leute jetzt schon beim ersten Mal genau das machen, was ich von ihnen erwarte. Außerdem sind sie alle viel motivierter, seit sie merken, dass ihr Vorgesetzter sich Zeit für sie nimmt.« Diese Erkenntnis gewann er nur, weil er annahm, keiner verstehe ihn richtig. Irre!

Überprüfen Sie Ihre Erwartungshaltung!

Der COO einer Großbank weist seinen Head of Operations, also den Einsatzleiter, an, die zentralen Prozesse der Bank zu reorganisieren. Ein Großprojekt. Der Einsatzleiter stöhnt: »Ja, unsere Kernprozesse sind wirklich total ineffizient.« Also implementiert er ein neues IT-System, das sämtliche Abläufe neu definieren und erfassen wird. Projektlaufzeit: drei Jahre. Als sich nach Ablauf des ersten Jahres die Cost-Income-Ratio wegen der umfänglichen IT-Anschaffungen dramatisch verschlechtert hat, wird der Head of Operations zum COO einbestellt. Was schätzen Sie, was dieser sagt?

Da wir in diesem Kapitel »Missverständnisse im Management« behandeln, vermuten Sie richtig: Der Chief Operations Officer hatte mit »Reorganisation der Kernprozesse« etwas ganz anderes gemeint. Was, das wissen weder ich noch sein Head of Operations. Wir wissen lediglich, dass der COO tobte: »Ich wollte doch nicht, dass Sie neue Kosten verursachen. Sie sollten so reorganisieren, dass wir bereits im ersten Jahr Quick Wins realisieren!« Dem Head of Operations schwoll der Kamm: »Aber warum haben Sie das denn nicht früher gesagt?«

Selbst die schlimmste Konkurrenz kann ein Unternehmen nicht so stark schädigen wie die pathologische Kommunikation der eigenen Manager. Ich muss zugeben, dass auch ich zuerst sauer auf den Head of Operations war, als ich von seinem Fauxpas hörte: »Wie kann der Kerl die GuV derart belasten? Hat er noch nie etwas von Quick Wins oder zumindest Kostenneutralität gehört?« Daraufhin sagte meine Frau (wie üblich) etwas sehr Kluges:

> »Du kannst nicht erwarten, dass andere so denken, wie du dir wünschst, dass sie denken!«

Aber genau das tun wir, wenn wir aneinander vorbeireden. Daher:

> Bevor und während Sie mit jemandem reden: Überprüfen Sie Ihre Erwartungen!

Vor allem Ihre Muss-Erwartungen: »Das muss er doch verstehen!«
»Das muss sie doch einsehen!« Müssen muss ein Kommunikationspartner meist gar nichts. Es ist die halbe Miete, seine eigenen Erwartungen im Zaum zu halten. Die andere Hälfte ist schlicht und einfach Klarheit:

> Manager, rede klar, präzise und vollständig!

»Wir müssen in der Auftragsdurchlaufzeit schneller werden.«
Wenn ich das schon höre! Ist das etwa klar? Präzise? Vollständig?
»Ich möchte, dass 80 Prozent aller Aufträge bei den Sonderwerkzeugen innerhalb von zwei Wochen von Auftragseingang bis Fakturierung abgewickelt werden.« Das ist klar. Aber das kann keiner von uns aus dem Stegreif, das will geübt werden. Ganz nebenbei: Was werden Sie als Nächstes zu wem sagen? Und wie? Ist das klar, präzise und vollständig?

Enttäuschte Erwartungen

> Enttäuschte Erwartungen sind das Zentrum vieler Missverständnisse.

Wer seine Erwartungen unter Kontrolle hat, kommuniziert auch besser. Als ich vor einigen Jahren ins zentrale Krisenmanagement einer regionalen Bank berufen wurde, wuchs ich an einem Tag fünf

Zentimeter: Ich! Großer Krisenmanager! Ich würde Tag und Nacht mit dem Firmenjet unterwegs sein, um die Brände in den Filialen und Ländergesellschaften zu löschen. Essig war's.

Tatsächlich saßen meine Kollegen und ich monatelang zehn Stunden am Tag an den Schreibtischen, lasen Zeitung, spielten Moorhuhn und tranken Kaffee, während die große Krise ausblieb. Ich muss meinem damaligen Vorgesetzten in jener Zeit heftig auf den Senkel gegangen sein (Sorry!, nachträglich). Mit mir zu kommunizieren war damals sicher genauso angenehm wie eine Wurzelbehandlung ohne Narkose. Einmal sagte ich zu ihm: »Ich will endlich Arbeit! Sonst kündige ich!« Er hingegen versuchte, mir klarzumachen, dass das ausgeschlossen sei: Wenn er mir ein Projekt geben würde und plötzlich bräche irgendwo eine Krise aus, dann sei ich gebunden und könne nicht weg. So gingen wir uns eine ganze Weile gegenseitig auf die Nerven. Bis bei mir der Groschen fiel:

Wer irreale Erwartungen hegt, kommuniziert unwirksam.

Ich hatte erwartet, als großer Krisenmanager vierundzwanzig Stunden am Tag, sieben Tage die Woche um den Globus zu jetten. Weil ich diese Erwartung nicht reflektierte, ging ich meiner Umwelt auf die Nerven. Ungefähr so wie ein Vorgesetzter, der von seinen Mitarbeitern erwartet, dass sie schon irgendwie wissen, was er von ihnen will (auch wenn er es nicht sagt).

Je schneller Sie Ihre Erwartungen mit der Realität abgleichen, desto wirkungsvoller werden Sie kommunizieren!

Und desto länger hält Ihre Ehe oder Partnerschaft, falls vorhanden.

Die kaputte Manager-Ehe

>>Schatz, tut mir leid, heute Abend wird es etwas später … «

>>Schon wieder?«

>>Ja, der Vorstand rief eben an … «

>>Aber wir wollten doch ins Theater. Die schönen Karten! Und der Babysitter ist auch schon da.«

>>Ich weiß, ich mache es auch wieder gut. Versprochen!«

>>Also, wenn ich gewusst hätte, dass du nie zu Hause bist, hätte ich meinen Job niemals aufgegeben und zwei Kinder in die Welt gesetzt!«

Zwei Jahre später reicht sie die Scheidung ein. Warum? Weil die beiden offensichtlich Chinesisch miteinander sprechen. Sie reden aneinander vorbei und nie wirklich über ihre unterschiedlichen Erwartungen. Sie hatte vor dem Altar erwartet, dass die Familie zuerst kommt. Er aber setzt voraus, dass sie Verständnis dafür hat, dass sein Job an erster Stelle steht. Die Scheidungsrate von Managern liegt meiner Erfahrung nach signifikant über der des Bevölkerungsdurchschnitts. Die jeweiligen Erwartungen werden zwar auch in Ehen, in denen keiner von beiden Manager ist, selten geäußert, doch unterscheiden sie sich meist weniger stark. Wissen Sie, was Ihre Partnerin oder Ihr Partner von Ihnen erwartet? Weiß er oder sie, was Sie sich von ihm beziehungsweise ihr wünschen? Warum klären Sie das nicht ab?

Meine Frau und ich sind beide berufstätig. Alle zwei Wochen stimmen wir unsere Termine miteinander ab, setzen Prioritäten, planen gemeinsam. Das hört sich ziemlich unromantisch an, aber das erspart uns solche bitteren Telefonate. Außerdem: So herzlos ist das gar nicht. Was kann es Intimeres geben, als die individuellen Vorstellungen, die man vom gemeinsamen Leben hat, miteinander zu besprechen? Das verbindet. Das geht tiefer als die üblichen Liebesschwüre wie »Schatz, ich liebe dich« – und fünf Minuten später wird dem Vorstand wieder Vorrang vor den eigenen Kindern gegeben. Warum besprechen so wenige Paare ihre Erwartungen miteinander? Beide glauben oft, nur weil sie ihre eigenen Wünsche so gut kennen, sei auch der Partner im Bilde.

> Wenn Sie glasklar kommunizieren wollen: Klären Sie die gegenseitigen Erwartungen!

Wissen Sie, was sich Ihre Partnerin oder Ihr Partner von Ihnen erhofft? Wissen Sie, was Ihr Chef von Ihnen erwartet?

Was erwartet Ihr Chef von Ihnen?

Es klingt absurd, doch:

> Viele Manager kriegen sich mit ihrem Chef ständig in die Haare, weil sie nicht wissen, was er von ihnen erwartet.

Der Geschäftsführer eines Mittelständlers rief mich für ein Coaching zu sich: »Mein Chef macht mir Druck. Klar, meine Zahlen stimmen nicht wirklich, aber ich leiste doch gute Arbeit! Ich bin zwölf Stunden am Tag für das Unternehmen unterwegs.« Da hatten zwei Menschen offensichtlich ein heftiges Kommunikationsproblem. Wir gingen gemeinsam seine tägliche Arbeit durch.

Schnell stellte sich heraus: Der Gute war jeden Abend für gemeinnützige Projekte oder Sponsoring unterwegs, besuchte kommunale Veranstaltungen und Benefizbälle. Ich äußerte die Vermutung, dass er in diese Engagements auch tagsüber viel Zeit investiere. »Klar«, sagte er, »sonst läuft das ja nicht.« Das Coaching war relativ schnell erfolgreich. Ich brauchte nur einen Satz zu sagen: »Das erwartet Ihr

Chef aber nicht in erster Linie von Ihnen!«

> Wer seinen Chef verstehen will, muss seine Erwartungen verstehen.

»Aber ich als Geschäftsführer muss doch auch repräsentieren und unserer gesellschaftlichen sowie sozialen Bedeutung in der Stadt gerecht werden!«, wehrte sich mein Coachee. »Stimmt. Doch das ist nicht das, was der Inhaber vorrangig von Ihnen erwartet. Er verspricht sich von Ihnen vor allem, dass Sie Ihre Leistungsziele erreichen.« Erst die Bilanz und dann der Ball. Das klingt banal, doch wenn ich sehe, was gestandene Manager während ihrer Arbeitszeit alles machen, weiß ich, dass sie sich nie wirklich Gedanken über die Vorstellungen ihres Chefs gemacht haben.

Was erwartet Ihr Vorgesetzter von Ihnen? Glauben Sie das nur oder wissen Sie es auch? Hat er es so gesagt? Welches waren seine Worte und was hat er gemeint? Inwieweit werden Sie Ihren eigenen Erwartungen gerecht – und inwieweit den Anforderungen Ihres Chefs?

Korrupte Manager

Es wird viel über Korruption im Management geredet. Korruption ist aber nur ein Symptom. Die Krankheitsursache ist eine ganz andere, nämlich die Gleichgültigkeit gegenüber Erwartungen.

> Viele Manager sind erwartungsblind.

Auf Konferenzen stehe ich manchmal an Kaffeetischen, an denen sich Manager mit Millionengehältern ihre neuesten Handys mit eingebautem Photonenmatrixbeschleuniger, Saftbar oder ausklappbarem Butler zeigen. Hat einer ein besonders neues oder tolles dabei, greifen die anderen gleich nach der Konferenz zu ihrem alten, rufen einen ihrer Einkäufer an und sagen: »Das muss ich auch haben!« Auf Geschäftskosten, versteht sich. Das sind keine Beträge, das kostet das Unternehmen vielleicht 500 Euro. Das ist nicht der springende Punkt. Die Frage ist doch: Hätte der Manager das neue Handy auch von seinem eigenen Geld gekauft? Warum ist selbst diese kleine Veruntreuung von Firmengeldern unmoralisch? Was ist eigentlich Moral? (Mehr dazu finden Sie auch im Kapitel »Seien Sie ein gewissenloser Schuft!«.)

> Es ist unmoralisch, gegen herrschende Erwartungen zu verstoßen. Erwartungen sind Normen.

Als der Vorstand der Deutschen Bank damals im Mannesmann-Prozess angeklagt wurde, zeigte er vor dem ersten Gerichtstermin grinsend das Victory-Zeichen. Er hat damit niemanden betrogen oder materiell geschädigt. Trotzdem war »Victory Joe« danach sogar bei seinen eidgenössischen Landsleuten unten durch, weil er gegen die herrschende Erwartung verstoßen hatte, dass sich ein Vorstand nicht wie ein frecher Teenager zu gebärden hat. Der Spitzenmanager hat das übrigens in einer Schnelligkeit eingesehen und geändert, die für einen Spitzenmanager spricht:

> Topmanager müssen sich der Erwartungen, die an sie herangetragen werden, stets bewusst sein und sie im Blick haben.

Natürlich ist mir klar, dass die Erwartungen, die an Manager gerichtet werden, in der Regel mit ihren eigenen Vorstellungen kollidieren. Eigner erwarten von Managern, dass sie den Gewinn mehren. (Einige) Manager spekulieren hingegen darauf, dass sie irrsinnig viel Geld verdienen, mit Prominenten frühstücken und endlos aus einem Bewerberpool gut gebauter Vorzimmerblondinen schöpfen können. Das ist legitim.

> Gefährlich wird es dann, wenn Manager bestimmte Erwartungen
> aus den Augen verlieren oder ihre Bedeutung falsch einschätzen.

Wer die eigenen Wünsche hintanstellt, brennt relativ rasch aus. Wer
die seiner Stakeholder falsch einschätzt, landet wie die Schrempps
oder Zumwinkels dieser Welt im Abseits. Es geht nicht darum, dass
Sie jede an Sie herangetragene Erwartung erfüllen. Es gibt solche,
die können Sie getrost enttäuschen. Und es gibt welche, die dürfen
Sie niemals ignorieren. Wer hier nicht tagtäglich richtig unterschei-
det, wird irgendwann mit den Fingern in der Keksdose erwischt –
oder mit einem neuen Handy.

Was erwartet der andere? Fragen Sie nach!

Neulich traf ich einen frischgebackenen Bereichsleiter zu einem
Termin – und was machte der junge dynamische Newcomer? Er
beschriftete Zutrittskontrollkarten für Mitarbeiter. Eine Sachbear-
beitertätigkeit! Ich sagte: »Sind Sie verrückt geworden? Was machen Sie da?« Seine Antwort: »Das hat mir der Vorstand aufgetragen. Er will, dass mit den neuen Sicherheitskontrollen nichts
schiefgeht.«

Das war natürlich Unfug. Der Bereichsleiter hatte lediglich das Vor-
stands-Chinesisch nicht verstanden: Der Vorstand wollte nicht, dass
der Bereichsleiter die Aufgabe selbst ausführt. Er hatte nur verlangt,
dass er sich darum kümmert, dass das zuverlässig erledigt wird. Da
Sie nicht unbedingt damit rechnen können, dass Ihr Chef dieses
Buch gelesen hat:

> Gehen Sie davon aus, dass selbst Vorstände ihre Erwartungen nicht
> sauber artikulieren können. Übernehmen Sie deshalb selbst die
> Aufgabe, diese ganz genau abzuklären.

Wiederholen Sie die Aussagen Ihres Vorgesetzten noch einmal und fragen Sie nach. Und erzählen Sie mir nicht, das sei trivial.

Das dachte die ehemalige deutsche Handelsdelegierte in Malaysia auch. Sie ließ sich von ihrem Chauffeur abends ins Restaurant fahren und gab dem guten Mann dann frei, damit er den Abend bei seiner Familie verbringen konnte. Nach dem Essen bat sie den Maître, ihr ein Taxi zu rufen. Nach einer halben Stunde und zwei Digestifs erkundigte sie sich, wo das Taxi bleibe. Der Maître: »Es sind gerade leider alle besetzt.« Sie konnte sich sicher nur mühsam davon abhalten, dem Restaurantangestellten einen Teller an den Kopf zu werfen. Beide hatten wunderbar aneinander vorbeigeredet. Wie immer lag das daran, dass die gegenseitigen Erwartungen nicht verstanden wurden. Sie hatte erwartet, dass der Maître sich von sich aus melden würde, um Alternativen zu besprechen, sollte kein Taxi verfügbar sein. Er war davon ausgegangen, dass sie sich wie jede andere Malaysianerin gedulden würde:

> **Wer eine Erwartung hegt, ist verpflichtet, sie auszusprechen.**

Die Handelsdelegierte hätte sagen müssen: »Bitte rufen Sie mir ein Taxi. Falls gerade keines verfügbar ist, melden Sie sich bitte umgehend an meinem Tisch.« Ehepartner sagen sich generell nicht, was sie sich vom anderen wünschen:

>»Warum muss ich immer den Müll runtertragen?«

>»Aber Schatz, sag doch was, wenn ich dir dabei helfen soll!«

>»Das muss ich nicht sagen. Das ist doch selbstverständlich!«

Nein, ist es nicht. Was dem einen klar ist, hat der andere vielleicht noch gar nicht erkannt. Das muss ausgesprochen werden:

»Warum kann ich nicht einmal am Tag die FAZ in Ruhe lesen!«

»Woher soll ich wissen, dass du es als Störung auffasst, wenn deine Familie dich nach Feierabend anspricht!«

»Aber das ist doch klar, dass mich das stört! Sieht man das nicht?«

Nein. Und wenn schon: Das *muss* man *nicht sehen*. Das *muss ausgesprochen* werden. Bevor es zum Krach kommt.

Artikulieren Sie Ihre Erwartungen auf Schritt und Tritt!

Es ist mir im Grunde herzlich egal, was Sie in Ihrer Beziehung treiben. Sie können die Erwartungen Ihres Partners oder Ihrer Partnerin ignorieren, bis er oder sie die Scheidung einreicht. Doch wenn ein Manager ein Managergehalt bezieht, dann sollte er sich im Büro nicht wie zu Hause benehmen, sondern seine Erwartungen klar und präzise artikulieren – und die der anderen abklären. Es ist kein Wunder, dass alle Coachees mir berichten: »Seit ich Erwartungen nicht nur im Büro, sondern auch zu Hause kläre, komme ich mit unseren Kindern viel besser zurecht.«

Klären und präzisieren

Wenn Manager sich darüber beklagen, dass ihre Mitarbeiter oft nicht das tun, was sie von ihnen erwarten, lasse ich die Jammernden eine Weile lamentieren und frage dann ganz unbedarft: »Wie? Sie schaffen es nicht, sich so auszudrücken, dass Ihre Mitarbeiter das tun, was Sie von ihnen erwarten?«

> Es ist nicht Aufgabe des Mitarbeiters, seinen Chef zu verstehen. Es obliegt dem Manager, verstanden zu werden.

Wer sich diese Einstellung zu eigen macht, kommt relativ schnell darauf, wie er das erreichen kann. Ich habe einige Rezepte von Managern gesammelt, die laut ihren eigenen Mitarbeitern kein Chinesisch sprechen:

➤ Eine Finanzvorständin verrät mir: »Ich sage jedem Mitarbeiter bei jeder Delegation: ›Bitte fassen Sie Ihren Auftrag in eigenen Worten zusammen.‹ Selbst bei den einfachsten Aufgaben gibt es immer wieder Details, die missverstanden werden. Das ist normal. Unnormal ist, das nicht zu klären.«

➤ Ich selbst schicke jeder Besprechung eine E-Mail hinterher: »Das und das haben wir besprochen.« Als Gedächtnisstütze und um Dinge klarzustellen, ist das unverzichtbar. Manchmal lasse ich die Leute auch selbst protokollieren.

➤ Ein Produktionsleiter geht so vor: »Ich bitte Mitarbeiter oft, mir eine E-Mail mit den Ergebnissen unserer Besprechung zu schicken. Wenn ich nicht binnen zwei Tagen Korrekturen anmerke, gilt das Protokoll als verbindlich.«

➤ Ein kaufmännischer Leiter, der zugegebenermaßen eine Coaching-Ausbildung hat, berichtet: »Ich weise so gut wie gar nichts mehr an. Da ist mir das Risiko zu hoch, sowohl zu demotivieren als auch Missverständnisse zu erzeugen. Ich führe lieber den sokratischen Dialog und frage die Mitarbeiter, wie sie eine Aufgabe anpacken würden. Wenn sie richtigliegen, bestärke ich sie. Wenn nicht, frage ich so lange nach, bis sie selbst auf die richtige Antwort kommen. Das dauert nur unwesentlich länger. Doch Missverständnisse werden minimiert und der Mitarbeiter macht die ganze Arbeit – außerdem ist er danach sehr viel motivierter, weil ich ihm nicht das Ohr blutig reden musste und er alle Vorgehensweisen selbst entwickelt hat.«

Reden Sie so, dass man Sie versteht!

Schon seltsam: Wir alle sprechen Chinesisch. Es dauert eine Weile, bis wir uns eine verständliche, präzise Sprache angewöhnt haben. Das ist eine Lebensaufgabe. Um mit Goethe zu sprechen: »Es dauert ein ganzes Leben, um wie ein Mensch reden zu lernen.« Folgende Trainingsfragen helfen mir sowie meinen Kollegen und Kolleginnen im Beratungsteam:

➤ Wer von meinen Gesprächspartnern hat mich heute garantiert nicht verstanden?

➤ Bei welchem Kommunikationspartner konnte ich eine gewisse Unsicherheit feststellen?

➤ Warum? Wo gab es missverständliche Formulierungen? Wann habe ich Chinesisch geredet?

➤ Wie hätte ich das klarer, präziser und vollständiger formulieren können?

➤ Haben wir nur diskutiert oder uns auch über die Umsetzung konkreter Maßnahmen geeinigt?

➤ Wo habe ich mich so klar ausgedrückt, dass meinem Gegenüber das sprichwörtliche Licht aufging?

➤ Wie habe ich das gemacht? Welche allgemeingültige und daher übertragbare Kommunikationsregel leite ich daraus ab?

Das Wort ist mächtiger als das Schwert

»Meine Mitarbeiter wissen schon, was ich von ihnen erwarte.« Wer so etwas sagt, redet mit Sicherheit Chinesisch und verzichtet auf ein äußerst wichtiges Hilfsmittel:

Die Sprache ist das mächtigste Instrument des Managers.

Neulich besuchte ich eine Verkaufsorganisation, die bereits »austrainiert« war. Man hatte Unsummen für Werbung und Verkaufsförderung ausgegeben und die Verkäufer bis zum Abwinken geschult. Trotzdem blieben die Abschlüsse weit hinter den Zielvereinbarungen zurück. Ich bat um ein gemeinsames Meeting mit Vertriebsleitung und Verkäufern. Ich fragte die Verkäufer:

>>Stellen Sie in jedem Beratungsgespräch die Abschlussfrage?«

>>Äh, nö, manchmal will der Kunde einfach nur ein paar Prospekte mitnehmen, Preise vergleichen und so weiter.«

An dieser Stelle rangen Vertriebs- und die Verkaufsleitung bereits mit dem Herzinfarkt:

>>Seid ihr wahnsinnig? Wozu haben wir euch das sündhaft teure Abschlusstraining bezahlt, wenn ihr die Leute noch nicht einmal zum Abschluss bittet!«

Bevor die Verkäufer die üblichen Ausreden auftischen konnten, warum manchen Kunden eben keine Abschlussfrage gestellt werden kann, tat ich das, was ich in diesem Kapitel immer wieder von Ihnen gefordert habe. Ich übersetzte das Chinesisch. Ich artikulierte die Erwartungen:

>>Möchte die Vertriebsleitung denn, dass in jedem Gespräch explizit ein Abschluss eingeleitet wird?«

>>Aber ja doch! Natürlich! Wir sind doch nicht die Caritas!«

Ich fragte die Verkäufer:

>>Ist dieser Wunsch der Vertriebsleitung akzeptabel?«

»Aber ja doch! Natürlich! Warum hat man uns das nicht früher schon so klar gesagt! Aber wie stellen wir die Abschlussfrage bei Kunden, die nur rumschauen wollen?«

Jetzt endlich wurde Tacheles geredet. Erst nachdem die Erwartung der Vertriebsleitung klar formuliert war, konnten die eigentlichen Probleme angesprochen werden, welche die Verkäufer bislang daran gehindert hatten, in (fast) jedem Kundengespräch einen Abschluss einzuleiten. Die Frage ist nur: Warum brauchten die Manager einen teuren Berater, um ihre eigenen Erwartungen ausformulieren zu können? Warum musste ein Externer ihr Chinesisch übersetzen? Warum konnten sie das nicht selbst tun?

Das Kapitel auf einen Blick: Der Chronometer-Test

Wenn Sie das nächste Mal auf die Uhr schauen, fragen Sie sich: Wenn das Missverständnis der Regelfall in der Kommunikation ist, wie muss ich mich dann ausdrücken? Wie klar, präzise und vollständig bin ich in meinen Äußerungen? Wie geht es klarer, präziser und vollständiger? Artikuliere ich meine Erwartungen? Immer? Kläre ich stets die Erwartungen meines Gegenübers ab?

Managen Sie schneller, als Sie denken können!

»Fahren Sie langsam, ich habe es eilig.«

Adenauer zu seinem Chauffeur

Was hat der Chef sich bloß dabei gedacht?

Das haben Sie sich gelegentlich auch schon gefragt? Welche Antwort gaben Sie sich selbst darauf? Natürlich: »Nichts!« Schließlich ist der Chef ein Manager. Und wir wissen ja: Manager werden fürs Machen, nicht fürs Denken bezahlt. Wie steht es mit Ihnen?

Angenommen, ein leitender Mitarbeiter kommt in Ihr Büro und berichtet von einem plötzlich aufgetretenen schwerwiegenden Problem. Was machen Sie? »Ich mache erst einmal gar nichts«, knurrte vor einiger Zeit ein Seminarteilnehmer auf die Frage hin. Die anderen Anwesenden lachten spontan. Das Lachen erstarb ihnen schnell auf den Lippen, als sie mich applaudieren sahen: Dies war die richtige Antwort gewesen.

> Manager sind Macher! Und das macht Probleme.

Und weil es Probleme macht, ist es in der Regel tatsächlich besser, erst einmal gar nichts zu machen. Diese herrliche Management-Paradoxie veranschauliche ich Ihnen zunächst an einem Beispiel:

Kevin S. ist Geschäftsführer eines größeren westeuropäischen Unternehmens und im Augenblick auf einem Leadership-Kongress.

Die versammelten Topmanager folgen atemlos den filigranen Analysen der verschiedenen Erfolgsstorys, wie sie easyJet, Puma, Google oder Virgin Airlines geschrieben haben. Die Stimmung im Kongresssaal ist enthusiastisch, alles scheint so einfach: Kopier die präsentierten Erfolgsrezepte und du wirst in die Erfolgsgeschichte eingehen!

Kevin ist begeistert von den neuen Ideen und denkt: »Genauso müssen wir es machen!« Noch während der Referent spricht, zieht er seinen Blackberry aus dem Jackett und e-mailt an seinen ersten Offizier, Manuel: »Genialer Ansatz: Wir reorganisieren unsere Vertriebsaktivitäten, konzentrieren uns zu 100 Prozent auf unser Kerngeschäft und ein paar wenige Zielgruppen. Dann fallen administrativer Ballast, unproduktive Tätigkeiten und unrentable Segmente weg – unsere Rendite geht durch die Decke! Wir werden so profitabel wie easyJet. Manuel, bitte legen Sie sofort mit der Planung los. Danke. Bis bald, Kevin.«

Manuel, Chef des strategischen Planungsstabs, starrt minutenlang völlig entsetzt auf die E-Mail des Geschäftsführers. Und empört sich bei mir: »Erst letztes Jahr haben wir damit begonnen, unsere Strategie neu auszurichten und das ganze Unternehmen zu reorganisieren. Die Ergebnisse sind besser als erwartet. Warum um Himmels willen will er das jetzt umwerfen? Wir können doch unmöglich easyJet kopieren! Das sind zwei grundverschiedene Welten. Die sind ein Billigflieger mit anspruchslosen Kunden. Wir haben Hightech-Produkte und Kunden, die dafür gern einen guten Preis bezahlen. Was hat er sich denn bloß dabei gedacht?« Nichts. Er hat nicht gedacht. Er hat gemacht.

Manuel steckt fluchend in der Zwickmühle: »Was soll ich tun? So verrückt die Idee ist, ich kann doch nicht eine direkte Anweisung meines Vorgesetzten ignorieren!« Also arbeitet er sich nolens volens in die Idee ein. Er studiert das Geschäftsmodell von easyJet und tüftelt aus, wie sie diese Ideen integrieren könnten, ohne die aktuelle Strategie des Unternehmens zu beschädigen. Er arbeitet zwei Nächte bis nach Mitternacht daran.

Als Kevin vom Kongress zurück ist, lässt sich Manuel sofort einen Termin geben. Er trabt mit seiner kompletten Präsentation an. Noch bevor er sein Notebook aufklappen kann, sagt Kevin: »Manuel, hören Sie, die Idee mit dem Strategiewechsel, das war nur einer der tausend Gedanken, die mir bei dieser absolut fantastischen Veranstaltung durch den Kopf gegangen sind. Das stellen wir vorläufig hintan. Es läuft doch gut bei uns, wozu die Strategie wechseln? Aber: Das nächste Mal müssen Sie unbedingt dabei sein! Da nehmen Sie Ideen für die kommenden zehn Jahre mit! Und? Wie lief es denn so während meiner Abwesenheit?« Manuel guckt fassungslos. Dann knipst er sein Notebook mit der Präsentation aus und lässt sich für eine Pinkelpause entschuldigen.

Im Toilettenraum dreht er sich unvermittelt zum neben ihm stehenden Finanzvorstand um und blafft den total überraschten Mann an: »Warum denken einige Leute verdammt noch mal nicht nach, bevor sie den Send-Button drücken? Zwei Tage meines Lebens habe ich für einen Hirnfurz vergeudet! Zwei Tage!« Der Finanzverstand bepinkelt sich fast vor Schreck. Er versteht nur Bahnhof.

Was da passiert ist, ist auch schwer verständlich: Wie konnte Kevin seinen ersten Offizier derart vor den Kopf stoßen? Dachte er, Manuels Tag habe achtundvierzig Stunden? Nein, das tat er nicht. Er dachte überhaupt nicht nach, bevor er den Send-Button drückte. Er wurde Opfer des Lucky-Luke-Syndroms.

Das Lucky-Luke-Syndrom

Lucky Luke ist der Cowboy, der schneller zieht als sein eigener Schatten. Kevin ist der Chef, der schneller managt, als er denken kann. Das ist nicht schlimm, das ist normal. Es ist die Berufskrankheit der Mächtigen.

> Wer immerzu unter dem Zwang steht, handeln zu müssen, vergisst das Nachdenken zwangsläufig.

Wenn Sie nun »mea culpa« rufen wollen, schlucken Sie es wieder hinunter. Natürlich kann einem Manuel leidtun. Doch bevor wir den Stab über Kevin, den Gedankenlosen, den Schnellschießer brechen, stellen wir eine entscheidende Frage: Ist Gedankenlosigkeit im Management wirklich eine Sünde? Lassen Sie mich anders fragen: Würden Sie einen wie Kevin zum Chef haben wollen? Die Antwort kann nur lauten: Ja! Denn Kevin war der Erste in seiner Branche, der Value Added Services einführte. Der Erste, der einen Online-Support anbot. Er ist der Allererste bei vielen Innovationen, weil er regelmäßig mit beiden Händen schon am Machen ist, während »Klügere« noch nachdenken.

> Nicht den Klugen gehört die Welt, sondern den Mutigen.

Erfolgreich sind die, die anpacken, während andere noch analysieren. Wir alle, ich eingeschlossen, fluchen über Verkaufsleiter, die nicht nachdenken und schon Produkte verkaufen, die es noch gar nicht gibt – und damit Entwickler und Produktioner zwingen, ohne Unterlass und Atempause das zu erfinden und zu fertigen, was sich »der Verrückte in seinem kranken Hirn ausgedacht hat«. Doch wenn wir ehrlich sind: Diese Aus-der-Hüfte-Schützen karren die Knete ran, mit denen die Lamentierer bezahlt werden.

Ich arbeitete einmal mit einem Chefverkäufer zusammen, der schneller verkaufte, als irgendwer denken konnte. Er verkaufte, ohne zu überlegen, buchstäblich alles: existente und nicht existente Produkte, den Mond und die Sterne, seine Schwiegermutter, eierlegende Wollmilchsäue. Die Folgen waren Chaos, Konfusion und ein Haufen Fehler. Aber auch jede Menge neuer Kunden, die begeistert über unsere »Innovationsstärke« waren. So haben wir als eine der ersten Banken in unserem Land Fremdwährungskredite angeboten, obwohl wir diese zu Beginn administrativ gar nicht bewältigen konnten. Während der Kunde im Kundenberaterbüro zufrieden seinen Kredit nahm, mussten wir im Büro dahinter sämtliche Kalkulationen und Buchungen von einer Währung in die andere umrechnen, alle Kontoauszüge und Unterlagen manuell respektive mit Excel erstellen und bearbeiten: ein irres Provisorium! Wir verfluchten unseren Chefverkäufer in manch schlafloser Nacht ob seiner Gedankenlosigkeit. Doch tagsüber dankten wir ihm für die vielen neuen Kunden. Was ich damit sagen will:

> Reine Macher sind wie reine Stürmer: Sie schießen vorn Tore und verlieren hinten das Spiel.

Im Klartext: Management braucht Macher (vor allem im verbürokratisierten, anti-unternehmerischen Deutschland). Aber: Macher brauchen nicht nur ein Hüfthalfter mit einer durchgeladenen und entsicherten Magnum. Sie müssen hin und wieder auch einmal den Finger vom Abzug nehmen – und sozusagen auf die Pausentaste drücken.

Management by Pausentaste

Kevin hatte diese Pausentaste nicht. Deshalb drückte er auf den Send-Button seines Blackberry, ohne auch nur eine Sekunde darüber nachzudenken, was das für Folgen haben könnte. Einige Wochen nach dem Vorfall versuchten wir in einem informellen Mediationsgespräch, Kevin die Pausentaste »einzubauen«. »Vielleicht könnten Sie das nächste Mal einfach eine Nacht darüber schlafen, bevor Sie den Send-Button drücken?«, schlug ich vor.

»Das schaffe ich nicht, wenn ich begeistert bin«, gab Kevin zu. Dann wandte er sich an Manuel: »Aber wie wäre es damit: Wenn ich das nächste Mal wieder mit einer dieser Ideen komme, dann konzipieren Sie bitte nicht zwei Tage. Setzen Sie sich nur zehn Minuten hin und listen Sie auf: Links die Vorteile meiner Idee, rechts die Hindernisse und Risiken. Danach entscheiden wir dann gemeinsam über ein Go oder No-go.« Manuel schlug ein, weil er heilfroh war, dass sein schnellschießender Chef endlich etwas gegen seine Gedankenlosigkeit unternahm.

> Bleiben (oder werden) Sie ein Macher! Aber verordnen Sie sich jedes Mal, bevor Sie mit dem Machen loslegen, eine (Mini-)Denkpause.

Oder wie die Briten sagen: »Look, before you leap.« Worauf sollten Sie schauen? Auf die Konsequenzen, und zwar auf …

➤ … sachliche Konsequenzen: Wenn Sie A anordnen, was folgt dann daraus? Wie sehen B, C, D… aus?

➤ … kommunikative Konsequenzen: Wie kommunizieren Sie die neue Idee? Wie reagiert der Empfänger auf Ihre Aktion? Wie reagieren Kollegen, Mitarbeiter, Kunden?

➤ … finanzielle Konsequenzen: Was kostet das alles? Welche Opportunitätskosten fallen an? Woher kommt das Budget?

➤ … kapazitäre Konsequenzen: Haben Sie überhaupt die Manpower und alle anderen notwendigen Ressourcen?

➤ … finale Konsequenzen: Was bringt es überhaupt? Wie ist der ROI? Oder für Kevin: der ROS – der Return on Send?

➤ … persönliche Konsequenzen: Haben Sie überhaupt Zeit und Energie, das einmal angestoßene Vorhaben coachend zu begleiten?

Stöhnen Sie nicht! Dahinter steckt kein nennenswerter Zeitaufwand. Ein erfahrener Manager kann die Folgen seines Schnellschusses binnen weniger Sekunden abschätzen – Kevin mittlerweile auch. Seit er sich regelmäßig fragt, welche Auswirkungen seine Blitzideen haben, verkneift er sich einige Aktionen. Andere kommuniziert er so, dass negative Konsequenzen minimiert werden, indem er zum Beispiel Manuel nicht zwei Nächte, sondern lediglich zehn Minuten investieren lässt. Diese neue Nachdenklichkeit entlastet seine Mitarbeiter extrem. Sich selbst tut Kevin damit den größten Gefallen. Denn Macher, die ohne Pause immer nur »machen«, schaden sich selbst am meisten: Sie verlieren den Respekt der anderen.

Kein Respekt für Happy Hektiker

Als ich zu Gast in einem Konzern der Telekommunikationsbranche war, wunderte ich mich, warum die Mitarbeiter einer Abteilung so gelassen auf die neueste Hausmitteilung ihres Vorstands reagierten, in der doch immerhin der Totalumbau des Unternehmens propagiert wurde. Die Mitarbeiter klärten mich auf: »Das ist ein neuer Vorstand. Der alte hat alles dezentralisiert. Der neue zentralisiert wieder alles. Das braucht mindestens sechs Jahre. Da der neue Chef aber sicher auch wie der alte nur vier Jahre hier ist, sitzen wir solche Sachen generell aus. Der nächste Vorstand wird es nämlich wieder genau umgekehrt machen. Nur um nicht die gleiche Strategie zu fahren wie sein Vorgänger.« Wie viel Respekt bringen diese Mitarbeiter wohl ihrem Vorstand entgegen?

> Wer schneller macht, als er denkt, wird genauso schnell stigmatisiert, torpediert, ignoriert.

Ein Hardware-Entwickler für Sicherheitssysteme verriet mir: »Mein Boss ist ein Happy Hektiker. Jeden Tag gibt er mir mindestens zwei neue »bahnbrechende« Projekte auf, die angeblich superdringend sind und innerhalb einer Woche konzipiert werden müssen. Ich lasse sie generell erst einmal liegen. Frühestens wenn er das dritte Mal nachfragt, fange ich damit an.« Ich muss etwas belämmert geschaut haben, weil ich von einem deutschen Ingenieur nicht ein derartiges Maß an Ungehorsam erwartet hätte. Er erlöste mich aus meinem Staunen: »Ich gehe streng wissenschaftlich vor: Nur bei 20 Prozent all seiner Ideen fragt er überhaupt ein drittes Mal nach. Alle anderen Projekte hat er schon vergessen, wenn er bei mir zur Tür rausgeht. Warum sollte ich die Ideen eines Chefs mit Alzheimer verfolgen?« Wie ernst nimmt dieser übrigens exzellente Hardware-Entwickler seinen Chef?

> Wer schneller schießt, als er denkt, wird nicht respektiert.

Das ist schon schlimm genug – ganz abgesehen vom wirtschaftlichen Schaden, den er damit anrichtet.

Mini-Test: Sind Sie zu schnell?

➤ Rufen Sie Mitarbeiter während ihres Urlaubs an, um ihnen brennend heiße Ideen mitzuteilen?

➤ Rufen Sie aus dem Urlaub an, um »auf dem Laufenden zu bleiben«?

➤ Haben Sie es heute schon geschafft, für eine Stunde nicht auf Ihr Handy zu schauen?

➤ Welchen Mitarbeiter haben Sie heute schlicht »überfahren«?

➤ Stehen Ihre Mitarbeiter noch hinter Ihnen? Oder haben Sie diese schon längst abgehängt?

Der Durchlauferhitzer

Ich kenne einen Vorstandsvorsitzenden, der so schnell läuft, dass alle hinter ihm atemlos zusammenbrechen. Die Mitarbeiter fallen tatsächlich fast um wie die Fliegen, weil er sie mit seinem Überschalltempo, das er auch ihnen abverlangt, einfach verschleißt. Er bombardiert sie nonstop mit Aufträgen, Projekten, Aufgaben, Innovationen, Herausforderungen – ohne nachzudenken, wie das bei ihnen ankommt, ob sie das überhaupt alles verstehen, ob sie folgen können, ob sie das große Ziel noch sehen und ob es die Kapazitäten dafür gibt.

Die Mitarbeiter sind derart in Hektik, dass sie inzwischen gar nicht mehr erkennen können, in welche Richtung der große Vorsitzende sie führt. Das frustriert, denn nichts ist demotivierender als Desorientierung. Als Kompensation für Stress und Überforderung zahlt der Vorstand extrem hohe Gehälter. Vergeblich.

Seine guten Leute stehen derart unter Druck, dass sie trotz Spitzengehalt beim ersten Headhunter-Anruf weg sind. Einer verriet mir: »Das machst du keine fünf Jahre! Da musst du vorher raus!« Die Fluktuation in diesem Unternehmen ist ungewöhnlich hoch und wir alle wissen, was Fluktuation kostet. Der Vorsitzende ist uneinsichtig: »Aber wir müssen Druck machen, sonst halten wir uns nicht an der Spitze!« Ausgerechnet sein kleiner Neffe bringt ihn zur Räson, als er ihn mit auf den Fußballplatz mitnimmt.

Dort treffen sie den Trainer des örtlichen Oberligisten. Dieser war früher für kurze Zeit Fußballprofi unter Felix Magath und erzählt: »In seiner Anfangszeit hat der ›Quälix‹ uns derart im Training geschunden, dass wir es mit jedem Zehnkämpfer oder Marathonläufer hätten aufnehmen können. Bloß die Spiele haben wir verloren, weil wir vom Training so fertig waren, dass wir die Füße nicht mehr hochbekamen.« Er guckt den Vorsitzenden an und sagt in typischer Sportplatzmanier: »Du kannst nicht gewinnen, wenn du deine Mannschaft zu Tode schindest.«

Der Vorsitzende selbst ist zu alt, um sich noch zu ändern. Doch weil er ein Macher ist, macht und ändert er etwas. Er holt sich einen Vorstandsassistenten, der in Coaching und Prozessbegleitung ausgebildet ist, und positioniert ihn zwischen sich und seiner außer Atem gekommenen Truppe. Dieser hat nun die Aufgabe, immer mal wieder einen Gang zurückzuschalten. Er vermittelt das große Bild, puffert die überfallartigen neuen Ideen des ruhe- und rastlosen Vorsitzenden mit flankierenden Kick-off-Meetings, Workshops und anderen prozessbegleitenden Maßnahmen ab. Die Fluktuation geht um die Hälfte zurück. Die Produktivität steigt an.

Die hohe Kunst der Denkpause

Sonja P. ist neue Verkaufsleiterin eines Kunststoff verarbeitenden Unternehmens. Sie weiß, dass die ersten hundert Tage entscheidend sind, denn die Vorgaben der Geschäftsleitung sind enorm anspruchsvoll. Was tut sie? Sie macht. Sie legt los. Sie leiert jeden Tag ein neues Projekt an. Sie ist ein neuer Besen, der gut kehren will. Nach einigen Wochen sagt ein Regionalleiter im Meeting zu ihr: »Mit der neuen Kampagne überfordern wir Kunden und Verkäufer. Sie haben die letzte noch nicht verdaut.« Diese Warnung ist nicht seine erste, doch bei Sonja kommt sie nicht gut an. Nach dem Meeting schimpft sie: »Diesen unproduktiven Bremser werfe ich raus! Was fällt ihm ein? Wir reißen uns ein Bein aus und er trägt Bedenken spazieren. Wir müssen anpacken, nicht dumm rumquatschen!« Sonja ist eine typische Macherin, die erst schießt und dann fragt.

Glücklicherweise ist Sonja eine kultivierte Macherin und hat erkannt: »Wenn ich zu schnell unterwegs bin, schade ich mir selbst – und dem Unternehmen. Ganz zu schweigen von den Mitarbeitern.« Deshalb zwingt sie sich, vor wichtigen Entscheidungen eine Denkpause einzulegen – auch in diesem Fall holt sie erst einmal tief Luft. Alle guten Macher haben solch ein Erfolgsrezept. Ich habe einige gesammelt (an dieser Stelle nochmals vielen Dank für die vielen Anregungen) und stelle Ihnen diese im Folgenden kurz vor – natürlich anonymisiert, aus naheliegenden Gründen:

➤ »Bevor ich mache, lege ich ganz bewusst eine Denkpause ein. Manchmal nur für Sekunden – das hilft immer.«

➤ »Bevor ich das Go gebe oder den Send-Button drücke, atme ich einmal tief durch und überlege: ›Will ich das jetzt wirklich schon rausgeben?‹ Nur wenn mir keine Bedenken mehr kommen, stoße ich das Ganze an.«

➤ »Wenn ich mit einer Anweisung mehr als einen Manntag binde, verordne ich mir selbst drei Stunden Entscheidungspause und widme mich in dieser Zeit ganz normal dem Tagesgeschäft. Steht danach meine Entscheidung noch, wird sie gefällt.«

➤ »Wenn ich begeistert bin oder Bedarf sehe, muss ich einfach handeln. Sofort. Aber ich frage mich dabei immer: ›Wie kommt das jetzt bei demjenigen an, den ich damit überfahre?‹ Die Leute nehmen meine Ideen besser auf, wenn ich mich mit ihnen darüber austausche.«

➤ »Ich weiß, wie impulsiv ich sein kann. Vor wichtigen Entscheidungen gehe ich deshalb immer zu einem alten Vorstandskollegen. Der ist das Gegenteil von mir: ein Bremser. Ich bitte ihn dann: ›Schnell. Ich brauche zwei Minuten deiner Zeit. Brems mich mal nach allen Kräften aus.‹ Gelingt ihm das, schalte ich einen Gang zurück. Gelingt es nicht, weiß ich: ›Go ahead!‹«

➤ »Mir ist bewusst, dass ich oft zu schnell für meine Mitarbeiter bin, aber ich habe das beste Rezept dagegen gefunden: Planung. Ich fordere jetzt nicht mehr: ›Machen Sie das sofort!‹ Ich sage: ›Planen Sie das. Sie haben zwei Stunden. Kalkulieren Sie grob die Kosten, Aufwand und Zielerreichung und dann reden wir darüber.‹ Die Ergebnisse zeigen deutlich, welche Ideen wir weiterverfolgen sollten und welche nicht.«

➤ »Ich bin und bleibe ein Macher. Ich entwickle die Ideen, Visionen, Strategien. Aber ich habe mir eine Projektgruppe zugelegt. Diese handverlesenen Mitarbeiter bombardiere ich mit meinen Ideen und sie müssen mir binnen vierundzwanzig Stunden sagen, was sie davon halten.«

➤ »Ich habe mir das ungebremste Machertum abgewöhnt: Immer dann, wenn mich die Hektik packt, frage ich mich: ›Wenn ich jetzt gleich mache, was ich machen möchte, stehe ich dann am Ende gut oder schlecht da?‹ Das hilft, ich gehe anschließend besonnener vor.«

➤ »Ich stelle mir die entscheidende Frage: ›Okay, das könnten wir jetzt machen – aber müssen wir das auch machen?‹«

Managen Sie schneller, als Sie denken können!

➤ »Ich frage mich: ›Das ist eine gute Idee, aber möchte ich meinen Leuten das jetzt auch noch aufbürden? Und wenn ja: Wo entlaste ich sie dafür?‹«

➤ »Ich habe die Walt-Disney-Technik modifiziert. Immer wenn ich sozusagen auf dem Ideen-Stuhl eine gute Idee habe, setze ich mich auf den Leader-Stuhl und frage: ›Und wie vermittle ich das jetzt meinen Leuten?‹ Dann setze ich mich auf den Controller-Stuhl und überlege: ›Was kostet es uns? Was kommt dabei heraus?‹«

➤ Übrigens, nicht lachen, aber: Ich selbst setze mich für meine Denkpausen aufs WC. Das klingt ein wenig verrückt, aber es hilft. Und: Es ist so einfach, mich aufs stille Örtchen zurückzuziehen und zu besinnen, bevor ich etwas lostrete, das irgendwann als Bumerang zurückkommen und mich umhauen könnte.

War etwas für Sie dabei? Was? Und wenn nicht: Welches Rezept würden Sie für sich entwickeln?

> Egal, wie und mit welchen Hilfsmitteln, Sie müssen Ihr ungebremstes Machertum mit etwas Intelligenz kultivieren!

Es ist so wie mit dem Bauchgefühl des Managers. Dieses ist zwar meist ein guter Ratgeber, aber wenn man es nicht quantitativ (mit Zahlen, Daten, Fakten) veredelt, führt es zwangsläufig zu spektakulären Eigentoren (außer es geht um Leben oder Tod).

Übrigens: Sonja ist froh, dass sie ihrem renitenten Regionalleiter damals nicht schnellschussartig kündigte, sondern erst einmal in Ruhe nachdachte. Inzwischen hat sie sich auf seinen kritischen Stil eingestellt und ihn als Warner und Nestor akzeptiert. Er ist mittlerweile einer ihrer besten drei Regionalleiter. Hätte sie ihn gefeuert, ohne vorher nachzudenken, hätte sie sich und ihrem Unternehmen schwer geschadet.

Management by Textmarker

Lachen Sie nicht, die folgende Geschichte ist tatsächlich so passiert: Zwei Bereichsleiter lasen begeistert einen neuen Bestseller aus der US-Managementliteratur. Enthusiastisch markierten sie mit Textmarkern alle Passagen, die sie für wichtig hielten, und gaben ihre beiden Buchexemplare dann an ihre jeweiligen ersten Offiziere weiter. Mit der Bitte um Umsetzung.

Das muss man sich einmal vorstellen! Wenn Führen so einfach ist, warum brauchen wir dann überhaupt Manager? Werft alle Führungskräfte raus und stellt Lektoren, Redakteure und Germanisten ein! Die können Bücher nämlich viel besser lesen und markieren. Und nehmt den Managern die teuren Handys, PDAs, Notebooks, Netbooks und Firmenwagen weg! Denn alles, was ein Manager braucht, ist offensichtlich ein Textmarker. Und Mitarbeiter, welche die markierten Texte umsetzen können. Tun sie das wirklich? Ist der Papst Playboy-Abonnent?

Die per Managementliteratur instruierten Mitarbeiter kannten ihre beiden Pappenheimer. Sie nahmen die Bücher dankend entgegen und antworteten drei Monate lang auf alle Nachfragen: »Ja, die Umsetzung läuft, alles roger, alles im grünen Bereich!« Das funktionierte tatsächlich. Wenn Manager so naiv sind, zu glauben, dass Veränderungsprojekte ohne Feedback, Rückendeckung, Commitment, Engagement, Ressourcen, Budget und Controlling von oben – also ohne Führung! – realisiert werden, dann glauben sie es auch, wenn ihnen ihre Mitarbeiter gelungene Umsetzung vorlügen. Tatsächlich lasen die betroffenen Mitarbeiter die Bücher nicht einmal. Wozu auch? Ihnen war von vornherein klar, dass es den beiden Bereichsleitern nicht ernst damit war.

> Mitarbeiter führt man nicht, indem man sie mit Ideen bombardiert.

Mein allererster Chef hat, als ich noch Lehrling war, zu meinen Eltern gesagt: »Nun, der Klaus, der hat zwar Hunderte von Ideen, bringt aber nichts wirklich zu Ende.« Das war hart. Aber gute Manager können Härte nicht nur ab, sie machen aus dem Schlechten das Gute: Ich schwor mir damals, meinen Lehrmeister vom Gegenteil zu überzeugen.

Es kostet mich heute noch oft Überwindung, doch inzwischen kann ich das sehr gut: Ich ziehe eine Sache bis zum Ende durch und springe nicht schon zur nächsten Idee, während meine Mitarbeiter noch damit beschäftigt sind, am Konzept der vorangegangenen zu knabbern. Ich bin ein Macher (geblieben). Aber ich habe damit begonnen, vor und während des Machens zu denken.

> Bleiben Sie Macher, aber fangen Sie um Himmels willen an nachzudenken.

Wer eine Idee ausspricht, ist auch verpflichtet, deren Realisierung zu überdenken und dieselbe coachend zu begleiten.

Der kultivierte Macher

Warum managen manche Manager schneller, als sie denken (können)? Unkultivierte Macher werden meist von zwei Emotionen getrieben: Angst und/oder Erfolgssucht. Die Aussage des Vorstandsvorsitzenden aus dem Beispiel oben verrät einiges über solche Manager: »Wir müssen Druck machen, sonst halten wir uns nicht an der Spitze!« Er hatte offensichtlich Angst, seinen Spitzenplatz zu verlieren, da hätte es auch nicht geholfen, ihm zu raten: »Handle nicht so überhastet! Sei besonnen und schlaf erst einmal darüber!« Diese klugen Ratschläge bewerten inzwischen nicht nur Lektoren, sondern auch Leser und Leserinnen als trivial: Solche Tipps bringen nichts. Die Angst ist immer stärker als jede Vernunft. Es bringt nichts, gegen sie zu kämpfen, das macht sie nur stärker. Besser ist es, ihr völlig nachzugeben, sie ernst zu nehmen und bis zum Ende zu durchdenken.

Das tat der Vorstand im Coaching. Irgendwann sagte er: »Wenn ich Angst habe, dass wir unseren Spitzenplatz verlieren, und meine Leute weiter derart unter Druck setze, dass sie reihenweise abspringen, dann habe ich wirklich Anlass zur Sorge. Denn dann verlieren wir unsere Position tatsächlich irgendwann wegen personeller Ermüdung!« Diese einfache Einsicht verleiht ihm seither ein nie gekanntes Maß an Besonnenheit, ohne dass er sein Machertum verleugnen müsste. Und wenn er es einmal vergisst, sich zu zügeln, dann reicht es, wenn seine Frau ihn kurz daran erinnert.

> Angst macht blind – und wenig erfolgreich. Ebenso wie Erfolgszwang.

Die meisten Macher sind süchtig nach Erfolg. Sie wollen verändern, anstoßen, bewegen, vorankommen – und das unbedingt und mit aller Macht. Es kann ihnen dabei gar nicht schnell genug gehen. Deshalb wirbeln sie ja so und lassen ihre Mitarbeiter hinter sich im Staub zurück. Allerdings bremsen sie damit ihre hochfliegenden Erfolgsziele unabsichtlich selbst aus, weil sie ohne Mitarbeiter nichts erreichen können.

> Wer zu schnell wirbelt, wird langsam. Weniger ist oft mehr!

Deshalb sagte Adenauer zu seinem Fahrer: »Fahren Sie langsam, ich habe es eilig.« Er wusste: Wer hetzt und hudelt, macht Fehler und bremst sich damit selbst.

Sind Sie Extremist? Oder Manager?

Wenn ich unkultivierten Machern rate, Denkpausen einzulegen, erwidern manche: »Man kann sich auch zu Tode analysieren!« Natürlich erkenne ich solche patzigen Antworten als das, was sie sind:

unreife Verdrängungsversuche von Happy Hektikern, die sich nicht eingestehen können, dass ihr Hechel-Aktionismus nicht zum Erfolg führen wird.

Machen und Denken sind keine Gegensätze.

Es handelt sich viel eher um diametrale Extreme eines Kontinuums, dessen Wahrheit wie immer in der goldenen Mitte liegt: Ein Manager, der nur macht – und das auch noch zu schnell –, richtet genauso großen Schaden an wie einer, der grübelt und grübelt, ohne aktiv zu werden. Extreme sind nie gut. Was wir brauchen, sind besonnene Macher. Und wenn wir gerade dabei sind: Was nützt es, wenn nur Sie ein kultivierter Macher sind?

Eine Kultur der Macher

Schauen Sie sich Ihren Führungsbereich an: Wie ist Ihr Team? Eher dem Machen oder dem Denken zugeneigt? Auf einer Skala von 0 (= nur denken, analysieren, planen, konzipieren) bis 10 (= nur machen, ohne nachzudenken) – wo würden Sie sich, Ihre einzelnen Mitarbeiter und Ihr Team als Ganzes verorten? Ich habe bei Beratungsprojekten allein mit dieser simplen Frage schon Produktivitätssteigerungen um 50 Prozent angestoßen. Denn jeder Vorgesetzte konnte mir bislang aus dem Stegreif sagen: »Wir analysieren und grübeln zu viel, aber bewegen zu wenig!« Oder: »Unser Aktionismus ist irre – aber ohne jeden Plan oder ein Konzept!«

Bringen Sie Denken und Handeln in Balance.

Wo finden Sie dieses Gleichgewicht? Jenseits aller Affekte, denn jede Disbalance wird getrieben von Emotionen: Der Macher hat Angst vorm Nachdenken, vor Versagen, Stillstand, Misserfolg. Der Grübler fürchtet sich vorm Handeln, vor der Blamage, vor Fehlern, Veränderung, Überforderung sowie ebenfalls vor Misserfolg. Das Schöne daran: Wir merken alle, wenn wir oder das System nicht in Balance sind.

> Sobald Sie ein Ungleichgewicht bemerken: Kümmern Sie sich um den Affekt, der dieses auslöst.

Kultivierte Macher setzen dazu ihr Bauchgefühl ein. Ich kenne einen Vorstand, der hat es sich zur Personalentwicklungsaufgabe gemacht, Meetings zu besuchen, die kein Ergebnis erzielen und denen keine Handlungen folgen. Wenn die Leute beginnen, sich im Kreis zu drehen, sagt er oft Dinge wie: »Warum diskutiert ihr immer noch herum? Habt ihr Angst, ich reiße euch den Kopf ab, wenn das Projekt schiefgeht? Das tue ich nicht. Im Worst Case buchen wir den Verlust als Weiterbildungskosten.« Oft bricht binnen Sekunden die Endlosdiskussion ab und die Leute gehen die neuen Aufgaben an: Sie machen (endlich).

Besagter Vorstand besucht auch Abteilungen und Projektteams, die für ihren heillosen Aktionismus bekannt sind. Auch bei diesen legt er den Finger sanft auf die Wunde. Einmal ordnete er an: »Halt, das Meeting ist nicht beendet. Ihr bleibt jetzt alle schön sitzen und erklärt mir, wie ihr ohne Aktionsplan, ohne Budget- und Terminplanung ein Projekt von dieser Größe lostreten wollt. Ihr habt Angst, dass sich das Ganze bei näherem Hinsehen als Hirnfurz entpuppt, nicht wahr? Müsst ihr nicht. Ich verspreche euch, dass wir die Idee umsetzen, denn sie ist wirklich gut. Aber wenn ihr mir nicht wenigstens eine grobe Planung vorlegt, seht ihr keinen Cent dafür.« Die Leute setzten sich murrend auf ihre unkultivierten Macherhintern – aber sie dachten (endlich).

> Halten Sie immer die Balance zwischen Machen und Denken – in Ihrem eigenen Führungsbereich und in Ihrem gesamten Team.

Das gilt nicht nur im Business, sondern auch, so versichern mir Klienten und Coachees seit Jahren, in allen anderen Lebensbereichen – in Beziehung und Familie, bei der Erziehung und in Konfliktsituationen. Wer die richtige Balance zwischen Denken und Machen findet, wird nicht nur automatisch erfolgreich(er), sondern auch weitaus gelassener und zufriedener mit sich und der Welt werden.

Das Kapitel auf einen Blick: Machen Sie den Drucker-Test!

Wenn Sie das nächste Mal ein Dokument ausdrucken (lassen), fragen Sie sich, während der Drucker läuft: Manage ich schneller, als ich denken kann und meine Mitarbeiter hinterherhecheln können? Bedenke ich stets die Konsequenzen meiner Taten? Wie etabliere ich eine kultivierte Macherkultur in meinem Führungsbereich? Wie bringe ich Machen und Denken in Balance?

Setzen Sie Frauen nur zum Kaffee-kochen ein!

>*»Frauen haben auch ihr Gutes.«*
>
> Loriot

>*»Je besser ich die Männer kenne, desto lieber mag ich Hunde.«*
>
> Madame de Staël

Wer sind die besseren Manager – Männer oder Frauen?

So lautet der Titel einer der Fachbeiträge, die ich auf meiner Home-page eingestellt habe. Und nun raten Sie einmal, welcher der vielen Managementbeiträge am meisten angeklickt wird? Als mir mein IT-Supporter die Click-Rates mitteilte, muss ich ungefähr so dumm geschaut haben, als hätte mir jemand mitgeteilt, über Nacht seien plötzlich alle Politiker ehrlich geworden.

Als moderner, aufgeklärter, in Zeiten der Gleichberechtigung aufgewachsener Mann hatte ich nämlich die ganze leidige Geschlechterdiskussion für beendet und erledigt gehalten. Woran man wieder einmal sehen kann, was moderne, aufgeklärte Männer für einen haarsträubenden Unfug denken können. Die Wahrheit ist: Der Geschlechterkampf tobt noch wie vor hundert Jahren. Vielleicht nicht mehr so offensichtlich, aber in seiner modernen Subtilität ist er mindestens genauso wirksam.

Kaum stellt unsereins die etwas provokante Frage ins Internet, ob Männer oder Frauen die besseren Manager seien, klicken sich ruckzuck zig Millionen (kleine Übertreibung) rein und spekulieren mit heraushängender Zunge auf das Abwatschen des jeweils anderen Geschlechts und das triumphale Beweihräuchern des eigenen. Geht's eigentlich noch? Wie primitiv ist das denn? So primitiv, wie es eben bei der täglichen Arbeit zugeht – Stichwort: Glasdecke.

Sie ist in fast jedem Unternehmen mit Händen zu greifen: Frauen steigen nur bis zu einer bestimmten Hierarchieebene auf, danach ist Schluss. Als ob sie gegen eine unsichtbare Decke stoßen würden. Die Frau kann noch so talentiert und qualifiziert sein, promoviert haben und mit zwei Nobelpreisen ausgezeichnet sein – sie wird es niemals zu mehr als etwa zur Abteilungsleiterin bringen. Danach ist Sabbat. »Eine Frau bei uns in der Geschäftsleitung?«, fragte mich eine Bereichsleiterin eines Lebensmittelkonzerns rhetorisch. »Eher finden Sie im Papierkorb einen Goldbarren.«

Anderes Beispiel: Old Boys' Network. Schon der Name verbreitet den diskreten Charme des Chauvinismus, denn es gibt kein Old Girls' Network (sollte es aber). Wenn Vorstände lügen, betrügen, Konzerne ruinieren oder Steuern hinterziehen und mit Schimpf und Schande aus dem Amt gejagt werden, tauchen sie kurz danach wundersamerweise irgendwie trotzdem wieder auf Vorstandsebene in einem anderen Konzern auf. Old Boys' Network hat sie aufgefangen.

Wenn Managerinnen abstürzen, stürzen sie hingegen meist ins Bodenlose, verschwinden von der Bildfläche, managen höchstens noch einen Tabakkiosk im Bayerischen Wald. Kein Netz fängt sie auf bei ihrem Sturz in den Orkus. Schlimmer: Wenn Frauen vom Seil fallen, dann spottet auch noch die Presse über sie (Originalschlagzeile): »Sind Frauen noch nicht reif fürs Business?« Übersetzt: Männer schießen Frauen vom Seil und verspotten sie dafür hinterher auch noch als unreif. Klicken deshalb so viele Manager meinen provokanten Fachbeitrag im Internet an? Das wäre eine naheliegende Vermutung. Ich glaube allerdings, dass dahinter ganz andere Motive stecken:

> Selbst primitivsten Chauvis kommt die Benachteiligung der Frau inzwischen spanisch vor. Nicht weil sie plötzlich so frauenfreundlich geworden wären, sondern weil sie allmählich dahinterkommen, dass sie jahrelang auf Frauen gezielt und das eigene Bein getroffen haben.

Wer anderen eine Grube gräbt …

Viele Manager haben ein zunehmend schlechtes Gefühl beim anhaltenden Geschlechterkampf. An einem einzigen Tag erlebte ein guter Bekannter gleich zwei Anlässe, die ihn in dieser Hinsicht beunruhigten. Zum einen wurde ein Posten neu besetzt: Fünf Bewerber standen zur Auswahl, vier davon waren Frauen. Was meinen Sie, wer den Job bekam? Klar, der einzige Mann in der Runde. Zum anderen eine zwei Stunden später stattfindende Projektbesprechung: Eine junge Projektleiterin hatte drei Monate lang einen Kunden betreut und dabei ein Nachfolgeprojekt aufgebaut. Sie kannte den Kunden und das Neuprojekt in- und auswendig. Wem wurde die Projektleitung übertragen? Richtig, einem Kollegen, der bisher nur als Ingenieur in das Projekt involviert gewesen war.

Als ich das hörte, musste ich lauthals lachen. Ich wischte mir die Lachtränen aus den Augen und entschuldigte mich bei meinem Bekannten für den Ausbruch ungebremster Schadenfreude. Der winkte ab: »Mir ist das selbst unangenehm. Ich glaube, wir haben heute zwei Dummheiten gemacht.« Das war noch moderat ausgedrückt. Ich würde sagen, sie haben in zwei Fällen Firmensabotage begangen.

Als der Kunde hörte, dass »seine« Projektleiterin ihn nicht weiter betreuen sollte, sondern ein Ingenieur, den er von einem früheren Auftrag her kannte und den er auf gut Deutsch für ein arrogantes A … hielt, interessierte er sich plötzlich brennend für die Angebote der Konkurrenz. Der drohende Schaden: 75.000 Euro. Wenn Frauen sozusagen bloß zum Kaffeekochen eingesetzt werden, kommt die Tasse Kaffee ziemlich teuer …

Warum nahm mein Bekannter, der sonst ein ganz normaler, verständiger Mensch ist, einer Frau, die ihre Projektkompetenz zweifelsohne unter Beweis gestellt hatte, ein Projekt weg? Warum gab er es einem Mann, den selbst wohlmeinende Kollegen nicht als erste Wahl bezeichnet hätten? Was haben Männer bloß gegen Frauen?

Was Männer gegen Frauen haben

Als »die Chinesen« unlängst ein deutsches Unternehmen übernahmen, ging der chinesische Geschäftsführer von Abteilung zu Abteilung und unterhielt sich mit den Leuten. Die armen Deutschen, die das von ihren kommunikationsschwachen Vorgesetzten nicht gewohnt waren, zeigten sich etwas überfordert. Sie fragten sich misstrauisch: »Warum macht er das?« Der Flurfunk antwortete: »Der horcht uns aus! Damit er herausbekommt, wem er kündigen kann. Die wollen nämlich die Belegschaft verkleinern.« Was war die Folge?

Richtig: Die Deutschen »machten zu«, zeigten dem Chinesen die kalte Schulter. Der verstand die Welt nicht mehr: »Bei uns ist es üblich, einen höflichen Antrittsbesuch zu machen, sich den Leuten vorzustellen und auch ein wenig übers Private zu reden. Seltsam, dass es diese Art der Höflichkeit in Deutschland nicht geben soll.« Dabei verhielten sich die armen Deutschen nicht derart dumm, weil sie unhöflich sein wollten, sondern weil sie schlicht keine Ahnung von der chinesischen Kultur hatten. Unter einer ähnlichen Unkenntnis leiden auch Frauen im Business:

> Männer wissen so gut wie nichts über Frauen. Und worüber man(n) nichts weiß, das behandelt man(n) mit Misstrauen.

Nach dem Motto: »Ich habe keine Ahnung, wie die Alte tickt, aber ich misstraue ihr erst mal prophylaktisch.« Natürlich ist das eine anachronistische, atavistische, paranoide Neandertaler-Reaktion. Aber

wir Männer sind nun mal anachronistische, atavistische, paranoide, fußballguckende, automobilvernarrte, biertrinkende, rülpsende,
nachts schnarchende, schenkelklopfende Neandertaler – Frauen übrigens auch. Denn als ich vor Jahren aus meinem Neandertal heraus
wollte, machte ausgerechnet eine Frau den Schlagbaum zu.

Ich hatte damals begonnen, *Der Fisch ohne Fahrrad* von Elizabeth
Dunkel zu lesen. Das Buch lag auf meinem Schreibtisch, als eine
Bekannte, die zu Besuch kam, es entdeckte, ungläubig in die Hand
nahm und mir mit einem Ausdruck tiefster moralischer Entrüstung
vorwarf: »Aber hallo, das ist doch ein Buch für Frauen. So was liest
du?« – als hätte sie mich soeben mit dem neuesten Katalog von
Victoria's Secret erwischt. »Klar«, sagte ich damals etwas naiv. »Ich
arbeite häufig mit Frauen zusammen, da möchte ich schon gern wissen, wie sie ticken.« Das hätte ich nicht sagen sollen. Es ist immer
riskant, Frauen verstehen zu wollen. Das wollen sie nämlich nicht.

Nein, ohne Scherz: Das verstand meine Bekannte nicht. Sie sah nicht
ein, warum ich Frauen verstehen wollte. Sie begegnete meinem Verständnis mit Unverständnis. Ihr wäre es wohl lieber gewesen, wenn
Frauen weiterhin unverstanden geblieben wären. Es lebt sich auch
so schön in der chronifizierten Opferrolle ... Außerdem: Wenn das
Feindbild »Mann« wegfällt, wen bekämpfen Frauen dann? Wen
machen sie für ihre Jahrtausende andauernde Unterdrückung verantwortlich? Über wessen chronisches Unverständnis und lästige
Angewohnheit, überall in der Wohnung Socken zu verstreuen, be-
schweren sie sich dann bei der besten Freundin? Ein großes Problem, denn nichts ist schlimmer, als einen guten Feind zu verlieren.
Eine Erkenntnis, für die Hemingway den Nobelpreis bekam.

> Der Geschlechterkampf wird von beiden Seiten munter geführt.
> Nicht aus Begeisterung, sondern aus Verständnisverweigerung.

Frauen, die möchten, dass Männer endlich aus ihrer Neandertal-
Höhle herauskommen und sich wie Menschen verhalten, die sollten

anders auf einen Chick-Lit-lesenden Mann reagieren. Sie sollten ihm gratulieren für die Wahl seiner Literatur und seine zaghaften Versuche, Frauen – Gott behüte! – verstehen zu wollen.

Mein Bekannter lief Gefahr, einen Auftrag in Höhe von 75.000 Euro zu verlieren, nicht weil er Frauen hasst und sie am liebsten vom Seil schießt, sondern aus purem Unverständnis – denn im Gegensatz zu mir liest er keine Frauenbücher. Das ist das Problem und zugleich die Lösung.

Frauen sind wie Fremdsprachen

Nämlich erlernbar. Wüsste mein Bekannter etwas mehr über Frauen, dann hätte er nicht versucht, die Projektleiterin durch einen Projektleiter zu ersetzen.

> Das Ende des Geschlechterkriegs bedeutet nicht Frieden, sondern Verständnis.

Entgegen den militanten Beteuerungen der Emanzenszene tut sich diesbezüglich gerade eine Menge an der Basis. In der Kaffeeküche eines Beratungsklienten erlebte ich solch einen ersten zaghaften Versuch, Verständnis für den Erbfeind zu entwickeln.

Er: »Äh, Steffi, tut mir leid, wenn ich dich so was Blödes frage. Aber ich habe mich schon immer gewundert, warum Monika derart aufgebrezelt zur Arbeit kommt. Will sie jemanden aufreißen? Ich denke, sie ist verheiratet?«

Sie: »Ach Michael, Monika macht das doch nicht, um Männern zu gefallen. Sie fühlt sich einfach selbstsicherer mit etwas Make-up und einem elegant geschnittenen Designerkostüm, das ihre gute Figur betont.«

Der Kollege riss die Augen auf. Endlich hatte ihm einmal jemand die Frauen erklärt. Als er seine bahnbrechende Erkenntnis mit den Kollegen teilte, hörten die permanenten, produktivitätsvernichtenden und die arme Monika ziemlich bedrängenden Anbaggerversuche der lieben Kollegen von einer Sekunde zur anderen auf. Jetzt stellen sich sicher alle Männer die entsetzte Frage: »Ja, woran erkennen wir dann, ob eine Kollegin anbandeln will, wenn nicht an der Tiefe ihres Dekolletés?« Die Damen schütteln darüber entzückt den Kopf, ohne Verständnis dafür, dass die Kerle so etwas Elementares nicht wissen. Ich weiß es übrigens bis heute nicht, was meiner Frau möglicherweise nicht ganz unrecht ist.

> Verständnis für das andere Geschlecht kommt nicht von allein. Es will errungen werden.

Das ist immer mühsam und meist herzerfrischend amüsant. Schon irre, dass dieses Verständnis weder in Elternhaus noch Schule auch nur am Rande thematisiert, geschweige denn gefördert wird. Dabei würde das, neben einem besseren Arbeitsklima und einer Beendigung der Unterdrückung der Frau am Arbeitsplatz, richtig Geld bringen. Zum Beispiel 75.000 Euro. Die holte mein Bekannter rein, als er sich endlich entschloss, in einem klärenden Gespräch seine Vorbehalte und Vorurteile gegen die Projektleiterin durch gewonnenes Verständnis zu ersetzen und ihr doch noch die Projektleitung zu übertragen. Das war für den Armen sicher nicht angenehm. Das ist es nie, wie ich schon im zarten Alter von sechzehn Jahren erfahren musste.

Was können Männer schon von Frauen lernen?

Eine meiner ersten weiblichen Vorgesetzten war eine junge Mutter, die eine Führungsposition innehatte. Und so kam es, dass ich als junger Bursche und Lehrling auch die staatstragende, betriebswirtschaftlich enorm wichtige und verantwortungsvolle Aufgabe übertragen bekam, ihre beiden kleinen Töchter mittags vom Kindergarten abzuholen. Ich hätte mir lieber mit der Trennscheibe die Fingernägel geschnitten. Können Sie sich auch nur im Entferntesten vorstellen, welche infernalischen Höllenqualen ein Sechzehnjähriger ertragen muss, während er tagtäglich vor dem Kindergarten auf die lieben Kleinen wartet und die ungläubigen Blicke und verstohlenen Tuscheleien der versammelten Mamis erleidet? Entwürdigend für einen Mann. Kinder abholen ist Mädchenkram! Dachte ich damals.

Heute weiß ich: Meine Vorgesetzte war ihrer Zeit weit voraus (was Frauen seltsamerweise ziemlich oft sind). Lange bevor Work-Life-Balancing zum völlig überbewerteten und in die Irre führenden Modekonzept wurde, lebte meine Vorgesetzte eine perfekte Melange aus Arbeit und Familienleben. Was der modernen Arbeitswelt noch heute Schwierigkeiten bereitet, war für sie damals schon selbstverständlich: dass Arbeit und Familie zusammengehören. Man kann einen Menschen nicht in »privat« und »beruflich« unterteilen, ohne ihn in innere Emigration oder in den Burn-out zu treiben.

Es ist mir damals nicht leichtgefallen, diese Lektion von meiner Chefin zu lernen. Verständnis für andere tut fast immer weh, weil es sich meist gegen die eigenen Vorurteile und Glaubenssätze richtet. Aber wo Verständnis einzieht, da zieht der Kampf aus. Schön, wenn Männer von Frauen lernen. Noch besser wäre es, wenn Frauen das Kompliment erwidern würden. Manche tun das bereits.

Neulich hörte ich zufällig, wie in einer Meetingpause ein Chemiker zu seiner Kollegin sagte: »Nee, Barbara, ich habe viel von dir gelernt, zum Beispiel dass man sich immer erst die Meinung anderer anhören sollte, bevor man entscheidet. Aber eben hast du etwas Dummes gemacht: Für die Entscheidung, welche Sorte Bunsenbrenner wir fürs Azubi-Labor einkaufen, holt man nicht den Rat der Kollegen ein! Wenn du so eine kleine Anschaffung für 500 Euro nicht allein verantworten kannst, wird dir das als Führungsschwäche ausgelegt.«

Ich war gespannt, ob die Kollegin die übliche Frauenlitanei starten würde: »Aber man darf doch nicht über die Köpfe anderer hinweg entscheiden. Konsens blabla, Harmonie blabla, männlicher Machtwahn blabla.« Nein, die Kollegin war lernfähig. Die promovierte Chemikerin riss die Augen auf und sagte: »Scheiße. Du hast recht.« Und dann diskutierten die beiden ernsthaft fünf Minuten lang, welche Arten von Entscheidungen konsenspflichtig seien und welche nicht. Jede Wette, dass die Doktorin seither von den männlichen Kollegen als sehr viel entscheidungsfreudiger und führungssicherer wahrgenommen wird, weil sie etwas gelernt hat. Von einem – Gott behüte! – Mann.

> Wir sollten aufhören, miteinander zu konkurrieren, und damit anfangen, voneinander zu lernen.

Eben weil inzwischen so viele Frauen in Beruf und Business unterwegs sind, ist es eine Managementsünde ersten Ranges, die Synergien zwischen den Geschlechtern nicht zu nutzen und vorhandenes Potenzial unnötig zu vergeuden. »Kooperation statt Konfrontation!«, so lautet die Devise. Das Blöde ist nur: Der Kapitalismus ist dagegen. Denn dort gilt: Dog eat dog.

Xenophobie und der Schaden, den sie anrichtet

Bleiben wir noch kurz bei der so schön burschikos fluchenden Doktorin der Chemie. Das für Sie vielleicht Erschreckende: So etwas hätte auch einem Mann passieren können! Ich kenne jede Menge Männer im Mittelmanagement, die erst die Erlaubnis Ihres Vorstands einholen, bevor sie einen Bleistift kaufen. Die Kollegen kommentieren das meist recht bildhaft: »Der lässt sich von seinem Chef auch die Erlaubnis zum Nasepopeln geben.« Oder: »Der braucht fürs Pinkeln einen Vorstandsbeschluss.« Das finden Sie amüsant? Ich auch. Gleichzeitig habe ich ein ganz übles Gefühl dabei:

> Wir diskriminieren nicht nur Frauen am Arbeitsplatz (und anderswo). Wir bekämpfen reflexhaft jeden Menschen, der uns anders erscheint.

Das ist blanke Xenophobie (Hass auf alles Fremdartige). Mick Jagger hat diesbezüglich mit einer Liedzeile in »Satisfaction« das unsterbliche Bonmot geprägt hat: »He can't be a man, 'cause he doesn't smoke the same cigarettes as me.« Die Kosten, die eine solche Xenophobie einem Unternehmen verursachen kann, stellen die Preise des immer teurer werdenden Erdöls in den Schatten.

Der erwähnte Bekannte hätte beinahe 75.000 Euro Verlust eingefahren, nur weil er eine Frau reflexhaft ausgrenzte – wahrscheinlich sind ihm Frauen generell einfach fremd. Wie viele Milliarden verliert die Weltwirtschaft jährlich, weil wir andersartige Kollegen und Kolleginnen gedankenlos diskriminieren, anstatt ihre besonderen Fähigkeiten geschickt einzusetzen? Wie viel verliert Ihr Unternehmen aufgrund eines solchen Verhaltens regelmäßig? Was geht Ihnen in Ihrem eigenen Führungsbereich dadurch verloren? Täglich fallen horrende Kosten aufgrund von Xenophobie an. In jedem gescheiterten Projektteam sitzt (mindestens) einer, der angesichts des Scherbenhaufens sagt: »Habe ich euch gleich gesagt.« Und keiner hat auf ihn gehört, weil wir Minderheitenmeinungen lieber ausgrenzen, als sie bewusst einzubeziehen. Die Maxime muss lauten:

> Entscheiden Sie sich für Integration statt Isolation!

Wem das gelingt, dessen Teams und Abteilungen machen Quantensprünge bei der Steigerung ihrer Produktivität.

Die Kraft der Integration

Welche Power echte Teamintegration entwickeln kann, schilderte der Bereichsleiter eines Telekommunikationsunternehmens: »Wir haben rund hundertvierzig Arbeitsteams in den verschiedenen Abteilungen. Diese hatten sich alle schön voneinander isoliert, richtige Wagenburgen waren errichtet worden. Gleich und Gleich gesellt sich gern. Über Jahre hatten sich beispielsweise die Innovationsfreudigen oder die Kundenorientierten in einzelnen Gruppen zusammengefunden. Seltsamerweise hatten wir viele reine Frauenteams. Auch die Raucher gesellten sich gern zueinander.«

Was ganz lustig klingt, war für die Produktivität seines Bereichs eine Katastrophe. Wenn Teams nicht mehr nach Fähigkeiten zusammengestellt werden, die eine spezifische Aufgabe verlangt, sondern nach primären Geschlechtsorganen oder anhand der unterschiedlich ausgeprägten Lust auf Glimmstängel, dann gehen Produktivität und Umsatz in den Keller. Den innovativen Teams fehlte beispielsweise jemand, der den Aspekt der Kundenorientierung nicht aus dem Blick verlor – so entwickelten sie munter am Markt vorbei. Die Kundenorientierten traten ohne innovative Impulse auf der Stelle … und so weiter.

Der Bereichsleiter berichtete: »Teams sind nicht dann erfolgreich, wenn sich Gleichgesinnte zusammenrotten, sonst hätten die Ghetto-Gangs in New York längst die Stadt übernommen. Teams sind produktiv, wenn sie es schaffen, möglichst unterschiedliche Fähigkeiten zu integrieren. Deshalb haben wir alle hundertvierzig Teams auseinandergerissen und neu zusammengestellt – und zwar so, dass sie die maximale Vielfalt aufweisen. Seit wir Gruppen haben, in denen Mitarbeiter aufgrund ihrer Fähigkeiten gezielt integriert werden und Männer sowie Frauen gleichmäßig verteilt sind, erkenne ich unser Unternehmen nicht wieder!«

Die Produktivität hatte exorbitant zugenommen, die Kosten hatten sich rätselhafterweise verringert. Der Umsatz war in Relation zu den Kapazitäten überdurchschnittlich angestiegen. Selbst der Vorstand gab kleinlaut zu: »Ich dachte immer, die Rendite bessere sich bloß, wenn man Leute entlässt oder neue Märkte erobert.« Dass man auch erfolgreich sein kann, indem man seine Mitarbeiter richtig integriert und ihren Fähigkeiten entsprechend einsetzt, erkannte er erst jetzt.

Gewiss, Sie werden jetzt einwenden: Wenn Männer und Frauen, Innovative und Handwerker, Ingenieure und Kundenorientierte nach Jahren der bequemen Isolation plötzlich aufeinander losgelassen werden, dann ist im Vergleich dazu der Überfall der Hunnen auf das Römische Reich ein Kindergeburtstag. Stimmt. Deshalb heißt es ja auch: Teamintegration. Es handelt sich um einen (Entwicklungs-) Prozess, der professionell begleitet und gecoacht werden sollte. Insgesamt waren zwanzig systemisch ausgebildete Teamcoachs im Einsatz, die den »Überfall der Hunnen« in den einzelnen Teams so moderierten, dass die gewaltige Energie sich konstruktive Bahnen brach. Von nichts kommt nämlich nichts. Wer leistungsfähige Teams will, muss diese führen können.

Welche Fähigkeiten haben Sie heute schon in welche Vorhaben integriert? Wo erkennen Sie Isolationstendenzen in Ihrem Führungsbereich? Wo isolieren Sie selbst? Und wie können Sie zum großen Integrator werden? Es ist müßig zu erwähnen: Integrative Führungskräfte sind die weitaus erfolgreicheren – und sie sind auch zufriedener.

Um nochmals meinen alten Bekannten zu zitieren: »Es ist sehr mühsam, Frauen ständig auszugrenzen. Es geht mir viel besser, seit ich das nicht mehr mache.«

Das Kapitel auf einen Blick: Machen Sie den Opposite-Sex-Test!

Wenn Sie das nächste Mal einen Vertreter des anderen Geschlechts sehen, fragen Sie sich: Was regt mich an ihm oder ihr auf? Wie kann ich verstehen lernen, warum und wozu sie oder er das tut, sagt, unterlässt? Wie kann ich die Andersartigkeit nicht nur von Frauen oder Männern, sondern auch von anderen Kollegen und Mitarbeitern (besser) ins Team integrieren? Was kann ich von anderen lernen?

Seien Sie ein gewissenloser Schuft!

>*Edel sei der Mensch, hilfreich und gut.*«

Johann Wolfgang von Goethe

(Un)Moral im Management

Korruption, Bestechung, Managergehälter. Die größte Finanzkrise seit Erfindung des Kapitalismus, die Subprime Crisis, wurde nicht dadurch verursacht, dass Öl oder Stahl knapp wurde, dass eine Naturkatastrophe Produktionsanlagen zerstörte oder die Inflation die Vermögen auffraß. Sie war human-made – vom Menschen gemacht und Folge einer maßlosen Gier, die US-Banker in orgiastischem Ausmaß Kredite vergeben ließ, die kein vernünftiger Mensch jemals bewilligt hätte. Warum? Weil sie nach Provision bezahlt werden, den Hals nicht voll kriegen können und »Moral« für ein Dorf im Kaukasus halten.

Ein ehemaliger Kfz-Verkäufer mit USA-Erfahrung erzählte mir: »Wenn die Banken der Wall Street ihre jährlichen Boni auszahlten, kamen die Maserati- und Ferrari-Niederlassungen in der Nähe gar nicht mehr mit dem Ausliefern von Luxusschlitten nach.« Politiker sind bestechlich und Manager korrupt – das glaubt das gemeine Volk inzwischen. Aber was schert mich, was das gemeine Volk glaubt, solange meine Taschen gut gefüllt sind?

So denken Sie nicht? Das habe ich mir gedacht. Manager, die Bücher lesen, sind selten bestechlich. Korruption setzt einen gewissen Mangel an Bildung voraus. Man muss schon ganz schön borniert sein, um der eitlen Versuchung zu erliegen, mangelnden Intellekt monetär zu kompensieren. Oder um ein Bonmot von John Candy abzuwandeln: »Wenn du ohne Millionen kein Mann bist, dann bist du es auch nicht mit Millionen auf dem Konto.« Apropos Schmiergeld: Haben Sie schon mal was genommen?

Haben Sie schon mal was genommen?

Ich weiß, das ist keine Frage, die ich einem Manager stellen sollte. Denn wer eine bestimmte Hierarchieebene erreicht hat, wird fast zwangsläufig hin und wieder in Versuchung geführt, entweder etwas zu nehmen oder zu geben. Anders läuft die Maschine nicht, die Wirtschaftsprofessoren naiv als Kapitalismus bezeichnen.

Haben Sie der Versuchung nachgegeben? Oder nicht? Und bereuen Sie es? Normalerweise reden Manager nicht über Korruption. Nur hin und wieder bricht es aus ihnen heraus. Zum Beispiel im Coaching. Vor einiger Zeit vertraute sich mir der Krisenmanager eines Konzerns an. Er sollte die abstürzende Auslandstochter abfangen und den Turnaround schaffen. Für den Erfolgsfall stand ein Posten im Konzernvorstand in Aussicht. Ein Misserfolg würde wohl das Ende seiner Topmanagement-Karriere in diesem Konzern bedeuten. Also hängte sich der Troubleshooter voll rein, entließ, kürzte Kosten, reorganisierte an allen Ecken und Enden. Doch die vom Vorstand verlangte Umsatzsteigerung war in der gesetzten Frist nicht zu erreichen. Bis zu dem Tag, an dem ein Großkunde mit einem ordentlichen Auftrag winkte – die andere Hand hielt er gleich einmal auf und verlangte eine sechsstellige Dollarsumme.

Das Überraschende daran: Der Krisenmanager zahlte nicht bereitwillig, sondern empfand die Situation tatsächlich als moralisches Dilemma. Er saß im Coaching, sah mich mit zerfurchter Stirn an und fragte: »Soll ich zahlen? Soll ich ehrlich bleiben? Was raten Sie mir?« Sein Vertriebsleiter drängte ihn zum Schmieren, sein Finanzchef versprach ihm zur Absicherung kreative Buchführung, der Konzernvorstand machte Druck.

So sieht Korruption in Wirklichkeit aus. Es handelt sich dabei nicht (überwiegend) um die gierige Selbstbereicherung, als welche diverse Leitartikler, die in ihrem Leben nie auch nur einen Tag in einem echten Wirtschaftsunternehmen gearbeitet haben, sie gern darstellen. Korruption ist für die meisten Manager keine geldgeile Bereicherung, sondern eine seelische Notlage oder auf gut Deutsch: Erpressung. Entweder du schmierst oder du kriegst Druck. Wenn du nicht zahlst, machst du viele Leute arbeitslos, möglicherweise auch dich selbst. Zahlst du, sicherst du Arbeitsplätze, alle applaudieren dir – bis die Sache auffliegt. Dann treten dir genau jene Leute in den Hintern, deren Arbeitsplätze und Vorstandsposten du mit deinem Bakschisch gerettet hast. Müssen sich Manager derart erpressen lassen?

Lassen Sie sich nicht erpressen!

Beginnen wir mit den Bagatell-Erpressungen. Als ich vor einigen Jahren nach Serbien kam, war das Land mitten im Umbruch. Die Straßenpolizei betrachtete Ausländer als Freiwild. An jeder Ecke wurde man angehalten und mit Verfehlungen konfrontiert, die gerade der Fantasie des jeweiligen Ordnungshüters entsprungen waren. Ich nehme das bis heute keinem übel: Die Leute schwelgten nicht gerade im Luxus. Einer sagte mir: »Darf ein Polizist keinen Kaffee trinken, nur weil er ihn sich nicht leisten kann?« Ich hatte immer genügend T-Shirts, Kugelschreiber und andere Give-aways im Auto … Und ich möchte den Erbsenzähler sehen, der die Stirn hat, das »Korruption« zu nennen. Anders sieht die Sache aus, wenn es um bedeutende Geldbeträge geht. Das Problem ist nicht, dass Manager damit erpresst werden. Das Vertrackte ist, dass sie auf die Erpressung hereinfallen.

Wenn heute ein Erpresser anruft und sagt: »Wir haben Ihre Frau. Entweder eine Million oder sie ist tot«, dann gehen nur noch wenige diesem postulierten Dilemma auf den Leim. Die angebotenen Optionen sind nämlich beide bei Licht betrachtet völlig indiskutabel, soweit und sofern man auf die dritte kommt: sofort die Kripo einschalten. Wenn es um Korruption geht, dann kommen bislang nur die wenigsten Manager auf die dritte, vierte oder fünfte Option.

Eine ist zum Beispiel Networking. Ich kenne einen Verkäufer in einer sehr umkämpften und bis auf die Knochen korrupten Branche, in der nahezu jeder massiv schmiert. Der besagte Verkäufer jedoch hat in dreißig Berufsjahren noch nie ein Geldbündel in die Hand nehmen müssen (Bagatellbeträge wohl schon). Und zwar allein deshalb, weil man das unter Spezln nicht machen muss. Er hat sich mit vielen Einkäufern so gut befreundet, dass diese ihm die Aufträge auch dann geben, wenn er als Ausschreibungsbester keine Kohle rausrückt – denn von guten Freunden nimmt man kein Geld. Gewiss: Sich ein derart gutes Netzwerk zu knüpfen, das einem Hunderttausende Euro an Bestechungsgeldern spart, ist eine stramme Leistung.

Der Verkäufer hätte es einfacher und bequemer, wenn er schmieren würde. Nicht umsonst heißt »korrumpieren« wörtlich übersetzt »verderben«. Wer in seiner Arbeitsmoral schon so verdorben ist, dass er sich nur noch einen faulen Lenz machen möchte, der muss eben bestechen. Der besagte Verkäufer ist sich seines Networking-Aufwands wohl bewusst, doch das ist es ihm wert. Er sagt: »Das bisschen Mühe ist gut angelegt, wenn ich dafür sauber bleiben kann.« Merke: Wer sauber bleiben will, der findet auch einen Weg.

Dass Korruption nicht nötig ist, wenn man sich ein wenig Mühe gibt, ist der Kerngedanke der Kompensationsstrategie: Auch wenn der Auftrag, für den der Auftraggeber ein strammes Handgeld oder einen Kick-back verlangt, noch so groß ist – eine gute Verkaufsmannschaft kann den Verlust ausgleichen und ihn mit »sauberen« Aufträgen (über)kompensieren. Es gibt in jedem Vertrieb noch so viel Potenzial. Das ist lediglich härter zu heben, als bequem Bakschisch abzudrücken. Wie gesagt: Korruption ist immer die bequemere Option. Deshalb haben wir alle ja auch so große Achtung vor Kollegen und Kolleginnen, die sauber bleiben. Moral kostet Mühe. Das verdient unseren Respekt.

Eine weitere Vermeidungstaktik verriet mir der Vertriebsleiter eines Anlagenbauers. Er dreht den Spieß einfach um und erpresst die Einkäufer, die von ihm geschmiert werden wollen: »Entweder wir kriegen den Auftrag ohne jeden Kick-back oder ich erzähle Ihrem Vorstand brühwarm, wie korrupt Sie sind!« Ich möchte das nicht unbedingt zur Nachahmung empfehlen. Wer derart blufft, muss schon ein »Big Swinging Dick« sein, wie US-Trader voller Bewunderung sagen. Doch selbst wer nicht so viel Mumm in den Knochen hat, kann daraus lernen, dass es immer (mindestens) eine Alternative zur Korruption gibt. Korruption ist etwas für Denkfaule und Bequeme und sie führt sich selbst ad absurdum. Sie zeichnet eben nicht einen ganzen Kerl aus. Nein: Wer schmiert, macht es sich einfach. Gute Manager haben so etwas nicht nötig.

Moralisch, praktisch, gut

Der Krisenmanager aus unserem Beispiel hat das sechsstellige Schmiergeld übrigens nicht bezahlt. Er lag fünf Nächte wach. Tagsüber hatte er die Konten bereits eingerichtet und die Transaktion so abgesichert, dass a) nichts entdeckt werden würde und b) das Geld auch wirklich in die Taschen des Generals und nicht in die des Leutnants fließen würde. In der sechsten Nacht fasste er einen Entschluss – und schlief wie ein Säugling.

Nur wenige Stunden zuvor hatte er einen Ex-Vorstand seines Konzerns beim Heurigen getroffen. Der hatte ihm auf eine zaghafte Andeutung hin auf den Kopf zugesagt: »Michael, lass die Finger davon, selbst wenn der Vorstandsposten futsch ist – woran ich nicht glaube. So korrupt ist unser Vorstand nämlich nicht. Schau mich an: Ich hab hin und wieder etwas gezahlt. Nicht viel, aber selbst das bisschen raubt mir noch in meinem Ruhestand von Zeit zu Zeit den Schlaf. Das verfolgt dich ewig. Ich würde viel Geld bezahlen, um diesen Makel wieder loszuwerden. Und ich kenne niemanden in meiner Position, dem das nicht so ginge. So kaltschnäuzig ist keiner von uns. Auch wir haben ein Gewissen.«

Der Krisenmanager ging noch einen Schritt weiter: Er wurde nicht nur nicht korrupt, er zeigte die Korruption sogar gegenüber seinem Vorstand an. Und er zog eine klare Linie: »Ich reiße mir den Hintern auf, aber so etwas mache ich nicht. Denn wenn das rauskommt, beschmutzt es den guten Ruf unseres Unternehmens. Wenn ihr mich deshalb aufs Abstellgleis schiebt, weil ich meine Ziele nicht erreiche – sei's drum. Ich will auf saubere Art und Weise Erfolg haben.« Seine Vorgesetzten konnten nicht anders, als sich zähneknirschend beeindruckt zu zeigen. Der Manager hat danach zwar noch zwei Jahre warten müssen, doch dann ist er Vorstand geworden. Und sauber geblieben.

Mir hat er anvertraut: »Ich habe einen Sohn. Wie kann ich ihm ein Vorbild sein, wenn ich mich korrumpieren lasse?« Ergo: Wenn Sie sich nicht allein aufs Business konzentrieren, sondern auch über den Tellerrand schauen, dann sind Sie nicht so leicht erpressbar. Natürlich gibt es Manager, die korrupt werden, weil sie nur die drei heiligen Ks des Managements sehen: Kohle, Karriere und kurzfristigen Erfolg. Schwache, korrumpierbare Menschen wird es immer geben, das ist nicht entscheidend. Wichtig ist allein: Wer sauber bleiben will, kann sauber bleiben. Warum sollte er das?

Was bringt es, ehrlich zu bleiben?

Ich möchte ehrlich sein. Jedes Mal, wenn ich in Versuchung geführt werde, denke ich: »Ach, das würde mir jetzt aber reinpassen. Was ich mir davon Schönes leisten könnte!« So viel verdient man entgegen landläufiger Meinung selbst als Topberater nicht. Außerdem kann man nie genug Geld haben. Doch ich war lange genug Banker, um zu wissen, dass jedes Konto zwei Seiten hat. Also tue ich mir den Gefallen und stelle die Bilanz auf.

> Bevor Sie sich korrumpieren lassen oder selbst korrumpieren: Machen Sie die Bilanz auf!

Dort taucht dann bei mir an erster Stelle das Gewissen auf. Ja, ich weiß, das Gewissen ist als moralische Instanz seit der Einführung des Neokapitalismus vom Preismechanismus ersetzt worden. Also lassen Sie es mich anders formulieren: Welchen Preis bezahlen Sie für Korruption? Da wäre zunächst eine nicht-monetäre Komponente einzupreisen:

Ich kenne einen Psychologen, der hin und wieder als Vorstandscoach einspringt. Er verriet mir: »Viele ziehen ihre Schwarzgeldkassen und Steuerhinterziehungen Jahr um Jahr durch. Doch ich habe noch keinen erlebt, den das nicht irgendwann eiskalt erwischt hätte in Momenten, in denen er es am wenigsten erwartet oder verarbeiten kann. Sie fühlen sich alle irgendwann stigmatisiert, ausgestoßen und lernen eines unschönen Tages: Geld, Macht und Status machen tatsächlich nicht glücklich. Dann tut sich eine Sinnkrise auf, die ich meinem schlimmsten Feind nicht an den Hals wünsche.«

Unter diesem Aspekt: Wenn ein Jungmanager etwas nimmt und etwas gibt – das ist eine Sache. Wir alle waren einmal jung und brauchten das Geld (fürs Ego, selten für den neuen Kühlschrank). Doch wer mit fünfundvierzig noch glaubt, dass Geld die Welt regiert, dem wünsche ich einen schönen Tod – wohl wissend, dass sein Gewissen ihm diesen nicht erlauben wird. Was ich damit sagen will:

> Wer sauber bleibt, tut das in erster Linie für sich, sein Ego, sein Selbstbewusstsein, seinen Ehrenkodex und sein Seelenheil!

Manchmal gehe ich in eine Vorstandssitzung und ahne nach fünf Minuten mit intuitiver Deutlichkeit, wer die Hand aufhält und wer nicht: Manager, die sauber bleiben, zeigen Rückgrat und legen eine Authentizität, stille Autorität sowie Moral an den Tag, die andere zutiefst beeindruckt, sie selbst jedoch beflügelt und bekräftigt. Man hat selbst am meisten davon, ehrlich zu bleiben.

Der Fluch der bösen Tat

Glauben Sie mir: Wenn Korruption sich auszahlen würde, ich käme nicht umhin, Sie Ihnen zu empfehlen. Das Dumme ist: Sie tut es nicht. Selbst wenn keiner etwas davon erfährt, es lohnt sich nicht, sich von ihr verführen zu lassen. Und weil die Jungmanager eben nicht gut wegkamen: Sie kapieren das meist am schnellsten.

Eintrittskarten zu TV-Shows sind beispielsweise ein übliches Bestechungsmittel im Lower Management. Eine junge alleinerziehende Einkäuferin bekam Tickets für sich und ihre Kinder für »Wetten dass?« mit Thomas Gottschalk von einem Telekommunikationsunternehmen angeboten, dessen Angebot sie gerade prüfte. Natürlich »völlig ohne Hintergedanken«. Eine Einkäuferin mit zwei Kindern schwimmt nicht im Geld und kann sich so eine Show höchstens leisten, wenn Weihnachten auf Ostern fällt. Sie sagte sich: »Wenn ich sie nicht nehme, verfallen die Karten oder jemand anders bekommt sie. Alle nehmen doch etwas! Es handelt sich ja auch nur um einen Bagatellbetrag und ich bleibe bei meiner Entscheidung für oder gegen den Anbieter dennoch sachlich. Ich kann Privates und Berufliches trennen.« So ähnlich rechtfertigt sich jeder, der etwas angeboten bekommt.

Als mich die Einkäuferin durch die Blume fragte, ob sie die Karten annehmen solle, fragte ich zurück: »Auf wessen Kosten geht das denn?« Sie sah mich an, als hätte ich ihr ins Gesicht geschlagen. Ich gebe zu, es war eine sehr direkte, nachgerade unhöfliche Frage. Sie überlegte eine Sekunde und sagte dann: »Ich gebe die Karten zurück. Keine Frage.« Dann bedankte sie sich bei mir. Ich weiß bis heute nicht, an welche Kosten sie dachte. Vielleicht an die der Kunden des Unternehmens, dessen Telefongebühren hier veruntreut wurden. Vielleicht kam ihr auch in den Sinn, dass es sie ihre eigene Glaubwürdigkeit kosten würde. Es kommt nicht darauf an, wichtig ist nur:

> Jeder Korruption stehen Kosten gegenüber. Bevor Sie nehmen
> oder geben, schauen Sie sich die Kostenseite genau an!

Und beziehen Sie umgekehrt die Aktiva der Enthaltsamkeit in Ihr Kalkül ein. Ich fragte die junge Mutter: »Was bringt es Ihnen, wenn Sie die Karten zurückgeben? Was können Sie heute Abend Ihren beiden Töchtern erzählen?« Sie lächelte. »Dass Mama sauber geblieben ist.« Sagen Sie mir einen Geldbetrag, der das aufwiegen kann!

Außerdem empfehle ich allen, die in Versuchung geführt werden, das Schiller'sche Korruptionskriterium (abgeleitet von einem Zitat des Dichters und nicht des legendären deutschen Finanzministers):

Was ist der Fluch der bösen Tat?

Ich kenne einen Vorstand, der die Privilegien seiner Position in vollen Zügen genießt. Toller Dienstwagen (wozu braucht er eine S-Klasse?), tolle Sekretärin, tolle »Geschäftsreisen«. Seine Arbeitszeit verwendet er ganz selbstverständlich darauf, »nebenher« seinem Hobby zu frönen: Immobiliengeschäfte. Unzählige andere Vorstände stehen Stunden ihres Arbeitstags zwar vor – aber nicht ihrem Unternehmen, sondern den Vereinen und Verbänden, in denen sie ein Amt übernommen haben.

Der Ex-Chef einer österreichischen Privatbank brachte es laut Recherchen des Industriemagazins auf sage und schreibe hundertdreiundfünfzig im Firmenbuch eingetragene Funktionen wie etwa Mandate als Geschäftsführer, Aufsichtsrat und dergleichen. Vermutlich waren seine Ämter nicht einmal nur konzerneigenen Firmen zuzuordnen. Wenn der gute Herr durchschnittlich einen Tag im Jahr für jede Funktion aufwandte und noch ein paar Tage Urlaub genoss – wann hat er dann eigentlich sein eigenes Unternehmen geführt?

Wieder ein anderer Vorstand, ein ehemaliger Techniker, nutzte den halben Tag, um irgendwelche spinnerten Grundlagenforschungsprojekte zu betreiben, die eigentlich Sache seiner Entwicklungsabteilung gewesen wären. All diese kleinen Akte der Selbstbereicherung sind mit einem Fluch belegt: Sie gebären fortwährend weiter Böses, wie der Dichter sagte. Die Mitarbeiter des entwicklungsbegeisterten Vorstands arbeiteten nämlich auch nur noch halbtags: »Wenn der Vorstand den lieben langen Tag seinem Hobby frönt, dürfen wir das auch!«

> Korruption ist ansteckend und der Fisch stinkt vom Kopf her: Wenn »die da oben« sich bereichern, fangen »die da unten« ebenfalls damit an. So ruiniert man Unternehmen.

Da der Mensch eigensüchtig ist (laut Adam Smith die Grundlage des Kapitalismus), könnte man noch sagen: Wenn es gut für den Einzelnen ist, dann soll er ruhig sein Unternehmen ruinieren! Das Dumme dran: Es ist vielleicht tatsächlich gut, aber es gibt Besseres.

Was ist besser als Korruption?

Mich hat schon immer interessiert, ob Korruption das bringt, was Manager sich von ihr erhoffen. Ich habe mir jene Führungskräfte angeschaut, von denen ich weiß oder ahne, dass sie etwas nehmen oder geben. Und ich habe sie mit jenen verglichen, die im Unternehmen oder in der Branche als sauber gelten. Raten Sie einmal, welche von beiden Gruppen glücklicher ist.

Die Korrupten kommen mir immer ein wenig gezwungen vor. Das ist ja auch logisch: Wer nimmt oder gibt, ist einem immensen inneren Zwang ausgesetzt. Für den notorischen Schmierer ist Karriere meist alles. Er gleicht einem Junkie: Bekommt er seinen Fix nicht, fangen seine Hände an zu zittern. Korruption ist die Beschaffungskriminalität der Management-Junkies.

Korruption ist eng verwandt mit den biblischen Sünden: Wollust, Hurerei, Sauferei und Völlerei fühlen sich im ersten Moment zwar »echt geil« an, doch hinterher empfindet man sich irgendwie als schmutzig, erniedrigt, entwertet. Menschen, die der Versuchung nicht erliegen, entgeht zwar der schnelle Reiz, doch sie erscheinen mir glücklicher, ausgeglichener, zufriedener, gelassener, gesünder, geachteter, mit sich und der Welt im Reinen.

> Eine solide Werthaltung macht glücklicher als der kurzfristige Reiz der Sünde.

Welche Werte? Wenn ich mir diejenigen anschaue, die sauber bleiben, fallen mir spontan folgende auf (ohne Anspruch auf Vollständigkeit): Weitsichtigkeit, Nachhaltigkeit, Zielstrebigkeit, Fleiß, Zuverlässigkeit, Ehrlichkeit, Offenheit, gesunde Härte gegen sich und andere, Fürsorge für die Mitarbeiter und Verantwortung gegenüber der Gesellschaft.

Es ist klar, dass es ungemein anstrengender ist, diesen Werten zu folgen, als ein dickes Bündel rüberzuschieben oder einzustecken. Dafür ist es aber ungemein lohnender. Was für ein Schock für uns Postmoderne:

> Das moralische Leben ist das lohnendere Leben.

Moral ist kein Luxus, sondern der Schlüssel zu einem erfüllten Dasein.

Vision statt Korruption

Wer es nicht so mit der Moral hat, der sollte zumindest folgenden Aspekt berücksichtigen:

> Korruption macht selten Träume wahr. Visionen hingegen schon.

Korruption ist nie Selbstzweck. Manager verfolgen damit ein Ziel, das sie jedoch auf diesem selbstverleugnenden und in die Irre führenden Weg nie erreichen werden – genauso wenig wie sich ein Dreisatz mittels Kaugummikauen lösen lässt. Das haut nicht hin. Der entwicklungsbegeisterte Vorstand, den ich weiter oben erwähnte, wollte zum Beispiel seine Träume verwirklichen, indem er seinen Vorstandsjob »schwänzte«. Zwar tüftelte er jeden Tag mehrere Stunden, doch das schlechte Gewissen – diese verdammte Einrichtung – plagte ihn zusehends. Also gab er seinen Vorstandsposten auf, kaufte sich in ein junges Unternehmen ein, entwickelt seither vierundzwanzig Stunden am Tag – und ist glücklich wie ein kleiner Junge.

Das ist der Grund, warum einige Topmanager in der Mitte ihres Lebens »aussteigen«, was ganz anderes machen, eigene Unternehmen gründen, in die Beratung überwechseln, Ehrenämter übernehmen, Verbände führen, Dritte-Welt-Projekte leiten oder in die Lehre gehen. Sie haben erkannt, dass nicht nur Korruption korrumpiert, sondern schlicht alles, was mit ihrer eigenen Vision nicht vereinbar ist: Was macht mich wirklich glücklich? Selig, wer sich den Luxus dieser Frage leistet. In der ewigen Verdammnis schmoren jene, die diese Frage ein Leben lang verdrängen und »bloß« ein guter Bürger, ein guter Manager und ein guter Ehemann sind.

Wer der Vision seines Herzens folgt, benötigt keine Gehhilfe namens Korruption. Wer fliegen kann, der braucht keine Krücken.

Das Kapitel auf einen Blick: Machen Sie den Stunden-Test!

Fragen Sie sich jede Stunde einmal: Deckt sich mein Verhalten mit meinen Wertvorstellungen? Und: Was macht mich wirklich glücklich? Was werde ich in der anbrechenden Stunde tun, um meiner Vision treu zu bleiben?

Nachwort – Das Maß aller Dinge

>»Herakles selbst verließ Hirten und Herden und begab sich in eine einsame Gegend, um darüber nachzudenken, welche Lebensbahn er einschlagen sollte.«

Gustav Schwab, Sagen des klassischen Altertums

Sie sind noch da? Wie schön. Das freut mich jetzt. Wie hat es Ihnen gefallen? Ja, sehr persönliche Geschichten waren es schon, die Sie da von mir und von anderen Managern gelesen haben. Mit Fachbuch, Ratgeber, Handbuch hat hat das Buch ja wenig gemeinsam. Ich finde das (wenig überraschend) gut.

Ich war lange genug Manager und kenne genügend Führungskräfte, um zu wissen: Fachbücher werden gekauft, aber selten gelesen und noch seltener umgesetzt. Schon die alten Griechen wussten das. Sie schrieben deshalb keine Fachbücher und Do-it-yourself-Fibeln, sondern Fabeln und Epen wie die Odyssee oder die Ilias. Sie erkannten damals schon, dass Menschen nicht (gern) lernen, und wenn, dann nur aus Geschichten von anderen Menschen. Sie bilden sich fort im persönlichen Kontakt, im individuellen Gespräch. Den Experten hören sie höflich zu und bezahlen sie auch bereitwillig – aber sie lernen selten von ihnen. Manchmal denke ich, dass einige Kunden mich in der Beratung nur deshalb bezahlen, um nicht lernen zu müssen.

Wenn meine Klienten sich neue Kenntnisse aneignen und diese umsetzen, dann nicht, weil meine Veränderungsstrategien so gut sind (sie sind es), sondern weil ich ihnen die passenden Geschichten dazu erzähle, vorzugsweise aus ihrem eigenen Unternehmen. Geschichten wie jene, die Sie eben gelesen haben. Solche Erfahrungsberichte verändern Unternehmen. Deshalb gibt es ja auch das Storytelling im Management. Und ich wette mit Ihnen, dass Sie auf den zurückliegenden Seiten mehr gelernt haben, als wenn ich das, was ich zu sagen habe, in ein Fachbuch gekleidet hätte – und Spaß hätten Sie (und ich) auch nicht so viel gehabt. Ich bin mir sicher, dass Sie bei der Lektüre von Peter Drucker weitaus seltener geschmunzelt haben.

Das ist keine fixe Idee eines verrückten Ex-Vorstands. Es ist meiner Meinung nach ein Zeichen unserer Zeit: Wir sind expertenhörig geworden. Wir hören auf die sogenannten Fachleute, glauben ihnen aber nicht und nehmen auch selten etwas für uns mit. Wir haben verlernt, was seit Jahrzehnten übrigens auch die Philosophie von Action Learning oder Appreciative Inquiry ist: von unsereins zu lernen, vom befreundeten Vorstand, dem guten oder korrupten Kollegen, von Kunden, Mitarbeitern, Ehegatten, Kindern, Omis und Opis, vom Mann am Zeitungskiosk. Genauso wie die Indianer am Lagerfeuer es gemacht haben: zusammensitzen und Erfahrungen von heute austauschen, damit es morgen besser geht.

Fast jeder, der Probekapitel dieses Buchs gelesen hat, sagte mir: »Darin habe ich mich wiedererkannt!« Genau darauf habe ich natürlich spekuliert. Wissen Sie, was die Leute nach der Lektüre von sogenannter Fachliteratur äußern? Sie sagen: »Hm, interessant, das muss ich mal ausprobieren.« Und dann tun sie es nicht, weil sie es nicht mit ihrer Erfahrung zusammenbringen. Sie können sich vorstellen, welche Verzückung mein Konzept des erfahrungsgeleiteten Lernens in manchen Wirtschaftsverlagen auslöste. Dort wollten sie das Buch am liebsten auf der Stelle einstampfen, weil es gegen den Expertenkult verstößt. Glücklicherweise gibt es noch Verlage, bei denen der Intellekt den Kult ersetzt.

Lassen Sie uns von der Expertenkultur Abschied nehmen. Wegen ihr stecken wir in der Bredouille. Oder sind Sie etwa mit dem momentanen Zustand unserer kleinen Wegwerf-Welt zufrieden, so wie sie ist? Lassen Sie uns wieder zurückkehren zu einer menschlichen (Lern)Kultur, in welcher der Mensch und seine Erfahrungen, nicht aber der Experte und seine Abstraktionen, im Mittelpunkt stehen.

Deshalb möchte ich Sie ermutigen, auf diesem eingeschlagenen Weg weiterzugehen: Schauen Sie auf das, was um Sie herum passiert. Die

Lehrer und Lehren finden Sie überall! Sie können (und sollen) von allen und allem lernen, was Ihnen begegnet. Dieses Lernen ist dem expertengeleiteten ungefähr so überlegen wie ein Mittelstürmer des FC Barcelona einem Pinneberger Straßenkicker (nichts gegen Straßenkicker in Pinneberg und anderswo). Lernen Sie am Beispiel und an der Erfahrung, an der eigenen sowie an der fremden, und seien Sie selbst Beispiel und Erfahrungsgeber. Sie tun damit nicht nur Ihrer persönlichen und fachlichen Entwicklung, sondern auch Ihren Zuhörern einen großen Dienst. Mir übrigens auch, denn woher sollte ich sonst die vielen Geschichten in diesem Buch haben? Teilen Sie mir Ihre schönsten, schlimmsten, besten, witzigsten, stressigsten oder ärgerlichsten Sündenfälle mit. Hier: www.schuster.si

Danksagung

Ich danke allen großen und kleinen Sündern im Management, die mir in erstaunlicher Offenheit und Ehrlichkeit ihre Trivial- und Todsünden gebeichtet haben – wohl wissend, dass ich das Beichtgeheimnis mit diesem Buch schmählich verraten würde. Danken möchte ich meinen Eltern für ihre über die Manuskripterstellung hinausreichende vermittelte Bodenhaftung, die mich davor bewahrt hat und immer noch davor bewahrt, so abzuheben wie die vielen Topmanager, die sich derzeit vor dem Kadi oder in Schimpf und Schande wiederfinden. Meiner Gattin Jana gebührt mein immergrüner Dank für ihre Geduld und vor allem die Unterstützung, mit der sie selbst meine verrückten Ideen (wie dieses Buch) begleitet. Danken möchte ich auch den beiden obersten Instanzen der Tugendhaftigkeit in unserem Haushalt, unseren beiden Mädchen Teja und Tina, die mich regelmäßig auf meine persönlichen kleinen und großen Sünden beim Family Management schonungslos hinweisen. Mein Golden Retriever Lan wird nicht in den Genuss meines literarischen Dankes kommen (weil er so ungern Danksagungen liest) – trotzdem entbiete ich ihm im Namen vor allem meines Hausarztes meinen Dank für die Regelmäßigkeit, mit der er mich beim Gassigehen davor bewahrt hat, als Autor mit Kreuzweh zu enden.

Über den Autor

Klaus Schuster, MBA, war lange Jahre Vorstand eines großen, internationalen Finanzinstituts. Er war als Troubleshooter in aller Herren Länder unterwegs und leitete den Aufbau eines Filialunternehmens in Osteuropa. Inzwischen hat er sein eigenes Unternehmen gegründet und berät, coacht und trainiert Topmanager und Junior Executives aller Branchen und Bereiche. Er schreibt viel beachtete Fachartikel und Kolumnen – und geht seinen Auftraggebern auch heute noch manchmal auf die Nerven, indem er für seine Beratungstätigkeit kein Büro reklamiert, sondern einen Firmenwagen, um sich dorthin zu begeben, wo die Wiege aller Sünden und die Lösung aller Probleme liegt: an die Schnittstelle zwischen Unternehmen und Kunden.

Stichwortverzeichnis